TRAITÉ

D'ALGÈBRE,

PAR

M. E. GENTIL,

INGÉNIEUR AU CORPS ROYAL DES MINES,

ANCIEN ÉLÈVE DE L'ÉCOLE POLYTECHNIQUE.

DEUXIÈME PARTIE.

PARIS,

LIBRAIRIE DE FIRMIN DIDOT FRÈRES,

IMPRIMEURS DE L'INSTITUT, RUE JACOB, 56,

BACHELIER, IMPRIMEUR-LIBRAIRE, QUAI DES AUGUSTINS, 55,

CARILIAN GOEURY ET DALMONT, QUAI DES AUGUSTINS, 39 ET 41,

ET CHEZ L'AUTEUR, RUE DE LILLE, 90.

1846.

TRAITÉ
D'ALGÈBRE.

PARIS. — TYPOGRAPHIE DE FIRMIN DIDOT FRÈRES,
RUE JACOB, N° 56.

ERRATA DE LA DEUXIÈME PARTIE.

Pages.

6 Lisez $\frac{Rs + Q}{R's + Q'}$.

Ibid. Lisez 225 et 1393 au lieu de 215 et 1333.

14 Lisez la forme énoncée.

22 Lisez $x = 1 + \frac{2}{\sqrt{27} + 3} = 1 + \frac{2(\sqrt{27} - 3)}{27 - 9}$.

23 Lisez $\sqrt[3]{2} > \frac{125}{64}$.

39 Lisez $\lim(1 + \alpha)^{\frac{1}{\alpha}}$.

45 Lisez, ligne 15... On pourrait modifier la démonstration...

91 Ajoutez, ligne 2... et diminuant l'exposant de x d'une unité.

93 Lisez $-3x^3$ au lieu de $+13x^3$.

128 Lisez $+ (ab + ac + \ldots)$

146 Lisez dans l'énoncé, le double du nombre des termes.

165 Lisez $+ A_1 x_p^{m-1}$.

185 Lisez dans l'énoncé... sachant que leur somme est égale à a.

244 Lisez suivant que p sera négatif ou positif.

LIVRE IV.

OU L'ON TRAITE DES FRACTIONS CONTINUES, DES LOGARITHMES, DES DIVISEURS ALGÉBRIQUES ET DU PLUS GRAND COMMUN DIVISEUR EN ALGÈBRE.

Des fractions continues.

Une des principales questions de l'arithmétique est celle des approximations. Elle consiste à chercher une quantité commensurable qui diffère d'une expression numérique, que l'on ne peut avoir exactement en nombre, d'une quantité plus petite qu'une quantité donnée. Des approximations.

Il est bien entendu que l'expression donnée est une fonction de quantités incommensurables auxquelles on est conduit par les opérations de l'arithmétique ou de quantités que l'on peut calculer séparément, avec une approximation aussi grande que l'on voudra.

On a déjà vu précédemment comment on pouvait approcher d'une quantité incommensurable, telle que la $\sqrt[m]{}$ d'un nombre entier ou fractionnaire, et l'obtenir, à moins d'une fraction donnée. Mais si l'expression qu'il s'agit de calculer est une fonction de radicaux, la question offre des difficultés assez grandes et difficiles à lever généralement. On pourrait se proposer de chercher à quelle approximation chaque partie doit être calculée ; mais alors ce serait une opération à faire dans chaque cas particulier, et les calculs ne seraient pas conduits par une méthode générale. On a donc cherché un procédé dont la marche pût se suivre dans tous les cas. En voici le principe, qui est extrêmement simple, mais dont l'application est quelquefois laborieuse.

Soit A une quantité quelconque incommensurable; on cherchera *par tâtonnement* les deux nombres entiers entre lesquels elle doit nécessairement tomber ; appelons-les a et $a+1$, on aura

$$a < A < a+1.$$

La quantité qu'il faut ajouter à a est plus petite que l'unité ; on peut donc toujours la représenter par $\frac{1}{y}$, y étant un nombre plus grand que l'unité et déterminé par la relation

$$A = a + \frac{1}{y};$$

d'où

$$y = \frac{1}{A-a} = A'.$$

A′ étant une quantité de même nature que A ; on cherchera de même *par tâtonnement* les deux nombres entiers qui la comprennent. Soient b et $b+1$ ces deux nombres, on aura

$$b < A' < b+1.$$

Par suite, la quantité primitive se trouve comprise comme il suit :

$$a + \frac{1}{b} > A > a + \frac{1}{b+1},$$

et l'erreur que l'on commettrait en prenant l'une ou l'autre de ces limites serait moindre que

$$\frac{1}{b} - \frac{1}{b+1} = \frac{1}{b(b+1)}.$$

Maintenant, si on raisonne sur A′ comme sur A, on posera

$$A' = b + \frac{1}{z};$$

d'où

$$z = \frac{1}{A'-b} = A''.$$

On cherchera de même deux nombres entiers c et $c+1$, comprenant A″, et l'on aura

$$c < A'' < c+1;$$

par suite

$$b+\frac{1}{c} > A' > b+\frac{1}{c+1},$$

$$a+\cfrac{1}{b+\cfrac{1}{c}} < A < a+\cfrac{1}{b+\cfrac{1}{c+1}};$$

et l'erreur que l'on commettrait en prenant l'une ou l'autre de ces limites, serait moindre que

$$a+\cfrac{1}{b+\cfrac{1}{c+1}} - a+\cfrac{1}{b+\cfrac{1}{c}} = \cfrac{1}{b+\cfrac{1}{c+1}} - \cfrac{1}{b+\cfrac{1}{c}}$$

$$= \frac{\left(b+\frac{1}{c}\right)-\left(b+\frac{1}{c+1}\right)}{\left(b+\frac{1}{c+1}\right)\left(b+\frac{1}{c}\right)}$$

$$= \frac{1}{[b(c+1)+1](bc+1)},$$

et ainsi de suite; de sorte que la quantité donnée A se trouvera comprise entre ces deux fractions d'une forme particulière, et dont la différence va sans cesse en décroissant; on pourra donc approcher de cette quantité autant que l'on voudra, et la seule difficulté sera de déterminer successivement les quantités a, b, c, etc....

On voit aussi, d'après ce qui précède, que la quantité A se trouve alternativement comprise entre les quantités

$$a,\quad a+\frac{1}{b},\quad a+\cfrac{1}{b+\cfrac{1}{c}},\ \text{etc}\ldots$$

de sorte que la première fraction seule conduit successivement à d'autres limites de cette quantité.

Les fractions de cette forme devenant des éléments de calcul, on est conduit à en étudier les propriétés; on leur donne le nom de *fractions continues*.

a, b, c, etc..... qui expriment les parties entières des quotients $A=\frac{ay+1}{y}$, $A'=\frac{bz+1}{z}$, $A''=\frac{ct+1}{t}$, etc..., portent le nom de *quotients incomplets*.

Des fractions continues.

Les fractions $\frac{1}{b}$, $\frac{1}{c}$, etc..., que l'on ajoute successivement au dénominateur de la précédente, portent le nom de *fractions intégrantes*.

Ces notions préliminaires étant établies, nous allons nous occuper d'exposer la théorie de ces fractions.

I.

THÉORÈME I.

Théorie des fractions continues.

Si l'on prend les fractions

$\frac{a}{1}$, $a+\frac{1}{b}$, $a+\cfrac{1}{b+\cfrac{1}{c}}$, etc... *de la fraction continue* $a+\cfrac{1}{b+\cfrac{1}{c+\cfrac{1}{d+\text{etc...}}}}$

et qu'on les ramène à la forme ordinaire, on obtient des fractions appelées réduites, dont chaque terme s'obtient en multipliant le terme de la réduite précédente par le nouveau quotient incomplet que l'on emploie, et ajoutant au produit le terme correspondant de la réduite, qui précède de deux rangs celle que l'on forme.

En effet, en formant les trois premières, nous aurons

$$\frac{a}{1},\ a+\frac{1}{b}=\frac{ab+1}{b},\ a+\cfrac{1}{b+\cfrac{1}{c}}=\frac{a\left(b+\frac{1}{c}\right)+1}{b+\frac{1}{c}}=\frac{(ab+1)c+a}{bc+1}.$$

La loi se vérifie donc pour les trois premières. Cela posé, supposons qu'elle soit vraie pour trois réduites consécutives $\frac{P}{P'}$, $\frac{Q}{Q'}$, $\frac{R}{R'}$, je dis qu'elle le sera pour la suivante $\frac{S}{S'}$.

On suppose donc que

$$\frac{R}{R'}=\frac{Qr+P}{Q'r+P'},$$

r étant le dernier quotient incomplet de $\frac{R}{R'}$. Pour passer à la réduite suivante $\frac{S}{S'}$, il suffit de remplacer r par $r+\frac{1}{s}$, s étant le nouveau quotient incomplet employé ; ce qui donnera

$$\frac{S}{S'}=\frac{Q\left(r+\frac{1}{s}\right)+P}{Q'\left(r+\frac{1}{s}\right)+P'}=\frac{(Qr+P)s+Q}{(Q'r+P')s+Q'}=\frac{Rs+P}{R's+P'}.$$

La loi ayant donc été reconnue vraie pour les trois premières réduites, elle l'est pour la quatrième, et ainsi de suite.

Exemple. Former les réduites successives de la fraction continue

$$x=1+\cfrac{1}{2+\cfrac{1}{3+\cfrac{1}{4+\cfrac{1}{5+\cfrac{1}{6+\text{etc.}\dots}}}}}$$

Réduites.

$$\frac{1}{1},\ \frac{3}{2},\ \frac{10}{7},\ \frac{43}{30},\ \frac{225}{157},\ \frac{1333}{972},\ \text{etc.}\dots$$

THÉORÈME II.

Le numérateur de la différence entre deux réduites, est alternativement positif et négatif, toujours égal numériquement à l'unité, et par suite les réduites sont toutes des fractions irréductibles.

En effet, prenons d'abord les trois premières réduites et leurs différences, nous aurons

$$\frac{a}{1},\quad \frac{ab+1}{b},\quad \frac{(ab+1)c+a}{bc+1}.$$

$$\frac{a}{1}-\frac{ab+1}{b}=-\frac{1}{b},\qquad \frac{ab+1}{b}-\frac{(ab+1)c+a}{bc+1}=\frac{1}{b(bc+1)}.$$

Donc, déjà pour les trois premières réduites, le théorème est vrai. Cela posé, prenons trois réduites consécutives $\frac{P}{P'}, \frac{Q}{Q'}, \frac{R}{R'}$, et prenons leurs différences, nous aurons:

$$\frac{P}{P'}-\frac{Q}{Q'}=\frac{PQ'-QP'}{P'Q'},\qquad \frac{Q}{Q'}-\frac{R}{R'}=\frac{QR'-RQ'}{Q'R'}.$$

Or si l'on désigne par r le dernier quotient incomplet de $\frac{R}{R'}$,

$$R=Qr+P,\qquad R'=Q'r+P',$$

par suite,

$$QR'-RQ'=QQ'r+QP'-QQ'r-PQ'=QP'-PQ'.$$

Donc le numérateur est égal et de signe contraire au numérateur de la différence précédente. Or, les premiers numérateurs étant égaux à l'unité en valeur absolue, il s'ensuit qu'ils seront tous égaux aussi à l'unité, et alternativement positifs et négatifs.

En second lieu, les réduites sont des fractions irréductibles, car si P et P', termes de la réduite $\frac{P}{P'}$, avaient un facteur commun, puisque l'on a

$$PQ'-QP'=\pm 1,$$

ce facteur devrait diviser l'unité; ce qui est absurde.

Il suit de là aussi que les termes correspondants de deux réduites consécutives sont premiers entre eux.

P premier avec Q, P' avec Q'.

THÉORÈME III.

La valeur d'une fraction continue est toujours comprise entre deux réduites consécutives; chaque réduite approche d'autant plus de cette valeur qu'elle est éloignée, et l'erreur que l'on commet en prenant une réduite pour la fraction continue totale, est moindre numériquement, que l'unité divisée par le produit du dénominateur de cette réduite par ce dénominateur augmenté de celui de la réduite précédente, mais supérieure au produit du dénominateur, par ce même dénominateur augmenté de celui de la réduite suivante.

Ainsi, en représentant par x la fraction continue totale, par $\frac{P}{P'}, \frac{Q}{Q'}, \frac{R}{R'}$, trois réduites consécutives, x est toujours compris entre $\frac{P}{P'}$ et $\frac{Q}{Q'}$; et l'erreur que l'on commet en prenant $\frac{Q}{Q'}$ pour x est numériquement plus petite que

$$\frac{1}{Q'(Q'+P')},$$

et numériquement plus grande que

$$\frac{1}{Q'(Q'+R')}.$$

En effet, soit toujours

$$x = a + \cfrac{1}{b + \cfrac{1}{c + \text{etc.} \ldots + \cfrac{1}{q + \cfrac{1}{r + \text{etc.} \ldots}}}}$$

on aura

$$\frac{R}{R'} = \frac{Qr+P}{Q'r+P'}.$$

Si actuellement on pose $y = r + \cfrac{1}{s + \text{etc.} \ldots}$, on aura

$$x = \frac{Qy+P}{Q'y+P'};$$

d'où

$$\frac{P}{P'} - x = \frac{P}{P'} - \frac{Qy+P}{Q'y+P'} = \frac{(PQ'-QP')y}{P'(Q'y+P')} = \frac{\pm y}{P'(Q'y+P')},$$

$$x - \frac{Q}{Q'} = \frac{Qy+P}{Q'y+P'} - \frac{Q}{Q'} = \frac{PQ'-QP'}{Q'(Q'y+P')} = \frac{\pm 1}{Q'(Q'y+P')}.$$

Ces différences étant de mêmes signes, il s'ensuit qu'on aura

$$\frac{P}{P'} > x > \frac{Q}{Q'}$$

ou

$$\frac{P}{P'} < x < \frac{Q}{Q'}.$$

Et la différence entre $\frac{P}{P'}$ est évidemment plus grande en valeur absolue que celle qui existe entre x et $\frac{Q}{Q'}$.

Maintenant examinons la différence entre x et $\frac{Q}{Q'}$, dont la valeur numérique est

$$\frac{1}{Q'(Q'y+P')}.$$

y étant égal à $r + \cfrac{1}{s + \text{etc.} \ldots}$, sera compris entre r et $r+1$. Donc on aura

$$\frac{1}{Q'(Q'+P')} > \frac{1}{Q'(Q'y+P')} > \frac{1}{Q'(Q'(r+1)+P')} = \frac{1}{Q'(Q'+R')};$$

ce qu'il fallait démontrer.

REMARQUE.

Dans le calcul numérique, la limite supérieure est seule importante, et on peut déduire de la limite trouvée précédemment des limites moins rapprochées, mais un peu plus commodes à énoncer.

Ainsi lorsqu'on s'arrête à la réduite $\frac{Q}{Q'}$, puisque $P' < Q'$, on a évidemment

$$\frac{1}{Q'(Q'+P')} < \frac{1}{2P'Q'}$$

et

$$\frac{1}{Q'(Q'+P')} < \frac{1}{Q'^2};$$

ce qui donne les deux énoncés suivants :

L'erreur commise est plus petite que l'unité divisée par le double produit du dénominateur auquel on s'arrête, par le dénominateur de la réduite précédente.

L'erreur est plus petite que l'unité divisée par le carré du dénominateur de la réduite à laquelle on s'arrête.

THÉORÈME IV.

Toute réduite est la fraction la plus simple qui puisse approcher autant de la valeur de la fraction continue totale.

Ainsi, soit $\frac{m}{n}$ une fraction dont les termes soient respectivement moindres, ou l'un d'eux au plus égal, à ceux de la réduite $\frac{Q}{Q'}$. Je dis qu'il est absurde de supposer qu'elle approche autant de la fraction continue totale que la réduite $\frac{Q}{Q'}$.

En effet, soit $\frac{P}{P'}$ la réduite qui précède $\frac{Q}{Q'}$, et qui s'écarte davantage que celle-ci de la valeur totale. Si la fraction $\frac{m}{n}$ approche plus que $\frac{Q}{Q'}$, il faut nécessairement que $\frac{m}{n}$ tombe entre les deux fractions $\frac{P}{P'}$ et $\frac{Q}{Q'}$, et que la valeur numérique de la différence entre elle et $\frac{P}{P'}$ soit plus petite que celle qui existe entre cette dernière et $\frac{Q}{Q'}$. On devrait donc avoir :

$$\frac{P}{P'} - \frac{Q}{Q'} = \frac{1}{P'Q'} \text{ en valeur absolue} > \frac{P}{P'} - \frac{m}{n} = \frac{Pn - P'm}{P'n},$$

cette dernière différence étant aussi prise en valeur absolue.

Or $Pn - P'm$ est au moins égal à 1, puisque P, P', n et m sont des nombres entiers, et que cette différence ne peut être nulle. Donc il faudrait que le dénominateur $P'n$ fût plus grand que $P'Q'$, c'est-à-dire, que n soit plus grand que Q', ce qui est contre l'hypothèse. Donc déjà le dénominateur n ne peut être plus petit que celui de la réduite.

Je dis maintenant qu'il en est de même du numérateur; car si la fraction $\frac{m}{n}$ doit tomber, pour approcher davantage, entre les fractions $\frac{P}{P'}$ et $\frac{Q}{Q'}$, la valeur inverse $\frac{n}{m}$ devra également tomber entre les valeurs inverses $\frac{P'}{P}$ et $\frac{Q'}{Q}$ des fractions précédentes, et par suite on démontrerait, comme précédemment, qu'il serait impossible que m fût plus petit que Q.

Donc le théorème est démontré.

REMARQUE.

Ce théorème était important à démontrer, car les termes des réduites vont sans cesse en croissant, et l'on aurait pu penser que cette complication des expressions était peut-être inutile. On voit qu'elle est inévitable.

THÉORÈME V.

Toute fraction continue composée d'un nombre limité de fractions intégrantes est équivalente à une quantité commensurable.

En effet, par la formation des réduites, on finira par trouver une fraction sous forme ordinaire, représentant la fraction continue donnée.

THÉORÈME VI.

Toute fraction continue, composée d'une série illimitée de fractions intégrantes, représente la valeur d'une quantité incommensurable.

Il est évident d'abord, d'après ce qui précède, que les réduites successives convergent vers une certaine limite qui est la valeur de la fraction continue totale. Maintenant, supposons que cette limite soit commensurable, et que l'on ait

$$\frac{M}{N}=a+\cfrac{1}{b+\cfrac{1}{c+\cfrac{1}{d+\text{etc}\ldots}}}$$

Divisons M par N, et posons

$$\frac{M}{N}=a'+\frac{R}{N}.$$

Il faut que

$$a=a' \quad \text{et} \quad \frac{R}{N}=\cfrac{1}{b+\cfrac{1}{c+\ldots}}$$

sans quoi deux nombres entiers pourraient différer d'une quantité plus petite que l'unité.

D'où, en renversant,

$$\frac{N}{R}=b+\cfrac{1}{c+\text{etc}\ldots}$$

En raisonnant sur la quantité $\frac{N}{R}$, comme sur $\frac{M}{N}$, on arriverait à

$$\frac{R}{R'}=c+\frac{1}{d\ldots}$$

Or R, R', etc... sont les restes que l'on obtient en cherchant le plus grand commun diviseur entre M et N. On finira donc par arriver à un nombre entier qui devrait être égal à un nombre entier augmenté d'une quantité plus petite que l'unité : ce qui est absurde.

Donc, toute fraction continue illimitée représente la valeur d'une quantité incommensurable.

Réciproquement, toute quantité incommensurable, développée en fraction continue, donnera une série de fractions intégrantes illimitées ; car si la fraction continue se terminait, elle serait équivalente à une quantité fractionnaire, ce qui est contre l'hypothèse.

REMARQUE.

Parmi les fractions continues illimitées, on distingue celles dans lesquelles les fractions intégrantes se reproduisent dans le même ordre, soit à partir du commencement, soit à partir d'un certain point de la fraction. Les premières sont dites périodiques simples, les autres périodiques mixtes.

Ainsi nous considérerons comme fraction périodique simple toute fraction de la forme

$$\cfrac{1}{m+\cfrac{1}{n+\cdots+\cfrac{1}{r+\cfrac{1}{m+\cfrac{1}{n\ldots}}}}}$$

Comme fraction périodique mixte,

$$a+\cfrac{1}{b+\cfrac{1}{c\ldots+\cfrac{1}{m+\cfrac{1}{n+\cdots+\cfrac{1}{r+\cfrac{1}{m+\cfrac{1}{n+\text{etc}\ldots}}}}}}}$$

La période dans les deux cas sera la partie

$$\cfrac{1}{m+\cfrac{1}{n+\cfrac{1}{r.\;\ddots+\cfrac{1}{r}.}}}$$

THÉORÈME VII.

Toute fraction continue périodique vient du développement en fraction continue d'une expression de la forme

$$\frac{A+\sqrt{B}}{C}.$$

En effet, considérons d'abord le cas d'une fraction périodique simple; soit :

$$y=\cfrac{1}{m+\cfrac{1}{n+.\;\ddots+\cfrac{1}{r+\cfrac{1}{m+\cfrac{1}{n+.\;\ddots}}}}}$$

on aura évidemment :

$$y=\cfrac{1}{m+\cfrac{1}{n.\;\ddots+\cfrac{1}{r+y}}}.$$

Représentons par $\frac{P}{P'}, \frac{Q}{Q'}, \frac{R}{R'}$ les trois dernières reduites de la période, on aura

$$\frac{R}{R'}=\frac{Qr+P}{Q'r+P'};$$

d'où

$$y=\frac{Q(r+y)+P}{Q'(r+y)+P'}, \quad =\frac{Qy+R}{Q'y+R'}.$$

Chassant le dénominateur, et réunissant les termes dans le premier membre, il vient :

$$Q'y^2+(R'-Q)\,y-R=0;$$

équation du deuxième degré, dont les racines sont réelles et de signes contraires. La valeur positive, qui est la seule qui réponde à la question, sera donc

$$y=\frac{Q-R'+\sqrt{(Q-R')^2+4RQ'}}{2Q'};$$

expression qui a la forme énoncée.

Considérons actuellement une fraction périodique mixte,

$$x=a+\cfrac{1}{b+\cfrac{1}{c+\ddots\cfrac{1}{k+\cfrac{1}{m+\ddots+\cfrac{1}{m.\ddots}}}}}$$

Posons

$$y=\cfrac{1}{m+\cfrac{1}{n+\text{etc}\ldots}}$$

On aura, en représentant par $\frac{H}{H'}$, $\frac{K}{K'}$ les deux dernières réduites de la partie non périodique,

$$x=\frac{Hy+K}{H'y+K'}.$$

En remplaçant y par sa valeur, il vient

$$x=\frac{H(Q-R')+H\sqrt{(Q-R')^2+4RQ'}+2KQ'}{H'(Q-R')+H'\sqrt{(Q-R')^2+4RQ'}+2K'Q'}=\frac{M+H\sqrt{N}}{M'+H'\sqrt{N}},$$

en représentant par M et M′ les parties commensurables, et par N la quantité sous le radical.

Il est aisé de ramener cette valeur de x à la somme énoncée. Il suffit de faire disparaître le radical du dénominateur en multipliant haut et bas par

$$M'-H'\sqrt{N}.$$

Donc le théorème est démontré.

La réciproque de ce théorème est vraie, mais nous n'en donnerons pas ici la démonstration; nous renverrons au traité de la résolution des équations numériques de *Lagrange*.

REMARQUE I.

Si la fraction périodique se présentait sous la forme

$$z = m + \cfrac{1}{n + \cfrac{1}{r + \cfrac{1}{m + \cfrac{1}{n + \cfrac{1}{r + \text{etc...}}}}}}$$

on poserait $z = \frac{1}{y}$, d'où

$$y = \cfrac{1}{m + \cfrac{1}{n + \cdots + \cfrac{1}{m + \text{etc...}}}}$$

On appliquerait la règle précédente, et, en prenant la valeur inverse, on aurait la valeur de z. Ainsi, en conservant les mêmes notations, on aurait

$$z = \frac{2Q'}{Q - R' + \sqrt{(Q-R')^2 + 4RQ'}} = \frac{R' - Q + \sqrt{(Q-R')^2 + 4RQ'}}{2R}.$$

REMARQUE II.

L'équation qui donne la valeur de y a une racine négative dont il est facile de déduire le développement en fraction continue périodique, en supposant qu'on la prenne positivement.

En effet, supposons, pour plus de simplicité, qu'il s'agisse de la fraction

$$y = \cfrac{1}{m + \cfrac{1}{n + \cfrac{1}{p + y}}}.$$

Si on ramenait cette équation à la forme ordinaire, on retomberait sur l'équation du deuxième degré en question. Donc, si on change y en $-y$, on aura une équation dont la racine positive sera la racine négative de l'ancienne. Faisant ce changement, on a

$$-y = \cfrac{1}{m + \cfrac{1}{n + \cfrac{1}{p - y}}};$$

d'où

$$-\left(m+\frac{1}{y}\right)=\frac{1}{n+\cfrac{1}{p-y}},$$

$$-\left(n+\cfrac{1}{m+\cfrac{1}{y}}\right)=\frac{1}{p-y},$$

et enfin

$$y=p+\cfrac{1}{n+\cfrac{1}{m+\cfrac{1}{y}}}.$$

Donc la deuxième racine prise positivement et développée en fraction continue sera égale à

$$p+\cfrac{1}{n+\cfrac{1}{m+\cfrac{1}{p+\cfrac{1}{n+\cfrac{1}{m+\text{etc}\ldots}}}}}$$

Il sera donc toujours facile de la déduire de la fraction continue donnée.

Il suit de là aussi que les deux fractions périodiques

$$\cfrac{1}{m+\cfrac{1}{n+\cfrac{1}{p+\cfrac{1}{m+\cfrac{1}{n+\cfrac{1}{p\ldots}}}}}} \qquad p+\cfrac{1}{n+\cfrac{1}{m+\cfrac{1}{p+\cfrac{1}{n+\cfrac{1}{m\ldots}}}}}$$

conduisent à deux équations du second degré, qui ne diffèrent que par le signe de la première puissance de l'inconnue.

REMARQUE III.

Si la fraction continue périodique est mixte, les deux racines de l'équation du deuxième degré à laquelle elle correspond, sont positives.

Car soit toujours

$$x=a+\cfrac{1}{b+\cfrac{1}{c+\ldots+\cfrac{1}{h+y}}} \qquad y=\cfrac{1}{m+\cfrac{1}{n+\cfrac{1}{p+\cfrac{1}{m+\ldots}}}}$$

D'après la remarque précédente, la seconde racine sera

$$x' = a + \cfrac{1}{b + \cfrac{1}{c + \cdots + \cfrac{1}{h - p - \cfrac{1}{n + \cfrac{1}{m + \cfrac{1}{p + \cdots}}}}}}$$

Or, p est différent de h, sans quoi la période commencerait plus tôt qu'on ne l'a supposé. La différence $h-p$ sera donc positive ou négative, si $h > p$. On aura :

$$x' = a + \cfrac{1}{b + \cfrac{1}{c \cdots + \cfrac{1}{(h - p) - \cfrac{1}{n + \cfrac{1}{m + \cfrac{1}{p \cdots}}}}}}$$

Et comme $h-p$ est égal au moins à l'unité, cette différence sera *à fortiori* plus grande que la fraction

$$\cfrac{1}{n + \cfrac{1}{m + \cdots}}$$

Donc x' sera positif.

Dans le cas où $h < p$, on a

$$x' = a + \cfrac{1}{b + \cfrac{1}{c \cdots + \cfrac{1}{-(p - h) - \cfrac{1}{n + \cfrac{1}{m \cdots}}}}} = a + \cfrac{1}{b + \cfrac{1}{c \cdots - \cfrac{1}{(p - h) + \cfrac{1}{n + \cfrac{1}{m + \cdots}}}}}$$

Ce qui donne encore une valeur positive.

Il est aisé de déduire la forme du développement de x' en fraction continue ordinaire, en employant la transformation suivante indiquée par *Lagrange*.

Soit une fraction continue contenant des fractions intégrantes négatives

$$a - \cfrac{1}{b - \cfrac{1}{c_{\cdot_{\cdot_{\cdot}}}}}$$

Posons

$$b - \cfrac{1}{c_{\cdot_{\cdot_{\cdot}}}} = t,$$

et cherchons à donner à cette fraction la forme ordinaire, nous aurons

$$a - \frac{1}{t} = A + \frac{1}{T},$$

ou

$$a - A = \frac{1}{t} + \frac{1}{T}.$$

Mais A et a sont des nombres entiers, et comme $\frac{1}{t}$ et $\frac{1}{T}$ sont plus petits que l'unité, leur somme est plus petite que 2, et par suite la différence

$$a - A = 1;$$

d'où

$$A = a - 1,$$

$$T = \frac{t}{t-1} = 1 + \frac{1}{t-1}.$$

Donc

$$a - \frac{1}{t} = a - 1 + \cfrac{1}{1 + \cfrac{1}{t-1}}.$$

Cette transformation suffit pour faire disparaître les fractions intégrantes, négatives. En l'appliquant aux valeurs précédentes, il vient

$$x' = a + \cfrac{1}{b + \cfrac{1}{c + \cfrac{1}{d + \cfrac{1}{h - p - \cfrac{1}{n + \cfrac{1}{m + \cfrac{1}{p} + \text{etc}\ldots}}}}}} = a + \cfrac{1}{b + \cfrac{1}{c + \cfrac{1}{d + \cfrac{1}{(h-p-1) + \cfrac{1}{1 + \cfrac{1}{n-1 + \cfrac{1}{m + \cfrac{1}{p_{\cdot_{\cdot_{\cdot}}}}}}}}}}}$$

ou

$$x'=a+\cfrac{1}{b+\cfrac{1}{c+\cfrac{1}{d-\cfrac{1}{p-h+\cfrac{1}{n+\cfrac{1}{m}}}}}}=a+\cfrac{1}{b+\cfrac{1}{c+\cfrac{1}{d-1+\cfrac{1}{1+\cfrac{1}{(p-h-1)+\cfrac{1}{n+\cfrac{1}{m}}}}}}}.$$

suivant que h est plus grand ou plus petit que p.

Nous nous bornerons ici aux considérations précédentes sur les fractions continues. On pourra les compléter en se reportant au mémoire de *Lagrange* sur la résolution des équations numériques.

Application des principes précédents à quelques questions particulières.

PROBLÈME I.

Convertir une fraction ordinaire en fraction continue.

Soit $\frac{A}{B}$ la fraction donnée, effectuons sur A et B les opérations nécessaires pour avoir leur plus grand commun diviseur ; on aura

$A=BQ+R$, donc $\frac{A}{B}=Q+\frac{R}{B}=Q+\cfrac{1}{\left(\frac{B}{R}\right)}=Q+\cfrac{1}{Q'+\cfrac{R'}{R}}$

$B=R.Q'+R'$

$R=R'.Q''+R''$

$R'=R''.Q'''$

$$\frac{A}{B}=Q+\cfrac{1}{Q'+\cfrac{1}{\left(\frac{R}{R'}\right)}}=Q+\cfrac{1}{Q'+\cfrac{1}{Q''+\cfrac{R''}{R'}}}$$

$$\frac{A}{B}=Q+\cfrac{1}{Q'+\cfrac{1}{Q''+\cfrac{1}{Q'''}}}.$$

PROBLÈME II.

Calculer $\sqrt{a^2+1}$ en cherchant à l'exprimer en fraction continue.

Posons

$$x=\sqrt{a^2+1}=a+\frac{1}{y};$$

d'où

$$y=\frac{1}{\sqrt{a^2+1}-a}=a+\sqrt{a^2+1}=2a+\frac{1}{y}.$$

Donc

$$x=\sqrt{a^2+1}=a+\cfrac{1}{2a+\cfrac{1}{2a+\cfrac{1}{2a\,\text{etc.}\ldots}}}$$

Réciproquement, si on demande la valeur de la fraction continue périodique

$$x=a+\cfrac{1}{2a+\cfrac{1}{2a+\text{etc.}\ldots}}$$

on a

$$x-a=\frac{1}{2a+x-a}=\frac{1}{x+a};$$

d'où

$$x^2-a^2=1,$$

et par suite

$$x=\sqrt{a^2+1}.$$

PROBLÈME III.

Développer $\sqrt{a^2+2}$ *en fraction continue.*

Posons

$$x=\sqrt{a^2+2}=a+\frac{1}{y};$$

d'où

$$y=\frac{1}{\sqrt{a^2+2}-a}=\frac{a+\sqrt{a^2+2}}{2}=a+\frac{1}{z},$$

$$z=\frac{1}{\frac{a+\sqrt{a^2+2}}{2}-a}=\frac{2}{\sqrt{a^2+2}-a}=a+\sqrt{a^2+2}=a+a+\frac{1}{y}$$

$$=2a+\frac{1}{y}.$$

Donc

$$x = a + \cfrac{1}{a + \cfrac{1}{2a + \cfrac{1}{a + \cfrac{1}{2a + \text{etc.}\ldots}}}}$$

Réciproquement, cette fraction étant donnée, on peut retrouver le radical qui l'a produite.

En effet, on a

$$x - a = \cfrac{1}{a + \cfrac{1}{2a + x - a}} = \cfrac{1}{a + \cfrac{1}{x + a}} = \frac{x + a}{ax + a^2 + 1}.$$

Chassant le dénominateur, il vient :

$$ax^2 + a^2x + x - a^2x - a^3 - a = x + a,$$

ou

$$x^2 = a^2 + 2, \quad x = \sqrt{a^2 + 2}.$$

PROBLÈME IV.

Développer l'expression $\frac{2+\sqrt{3}}{3}$ *en fraction continue.*

On a successivement :

$$x = \frac{2+\sqrt{3}}{3} = 1 + \frac{1}{y},$$

$$y = \cfrac{1}{\cfrac{2+\sqrt{3}-1}{3}} = \frac{3}{\sqrt{3}-1} = \frac{3(\sqrt{3}+1)}{2}.$$

On ne voit pas ici immédiatement les nombres entiers qui comprennent la valeur de y. On voit bien, puisque $\sqrt{3}$ est comprise entre 1 et 2, que y tombe entre 3 et $\frac{9}{2}$. Cherchons donc si y peut être plus grand que 4.

Pour cela, on peut faire entrer 3 sous le radical ; ce qui donne

$$\frac{\sqrt{27}+3}{2} > 4.$$

Donc $y = 4 + \frac{1}{z}$; d'où on tire :

$$z = \frac{1}{\frac{3(\sqrt{3}+1)}{2} - 4} = \frac{2}{3\sqrt{3}-5} = \frac{2(5+3\sqrt{3})}{2},$$

$$z = 5 + 3\sqrt{3} \quad = 5 + \sqrt{27} = 10 + \frac{1}{u},$$

$$u = \frac{1}{\sqrt{27}-5} \quad = 5 + \sqrt{27} = 5 + \frac{1}{v},$$

$$v = \frac{1}{\frac{5+\sqrt{27}}{2} - 5} = \frac{2}{\sqrt{27}-5} = 5 + \sqrt{27} = 10 + \frac{1}{u}.$$

Donc

$$x = 1 + \frac{1}{4 + \frac{1}{10 + \frac{1}{5 + \frac{1}{10 + \frac{1}{5 + \frac{1}{10 + \frac{1}{5 \text{ etc...}}}}}}}}$$

Réciproquement, posons

$$y = \frac{1}{10 + \frac{1}{5+y}};$$

d'où

$$y = \frac{5+y}{51+10y},$$

$$10y^2 + 50y - 5 = 0,$$

$$y = \frac{-25 + \sqrt{625+50}}{10},$$

$$y = \frac{-5+\sqrt{27}}{2}.$$

$$x = 1 + \frac{1}{4+y},$$

$$x = 1 + \frac{1}{4 + \frac{\sqrt{27}-5}{2}},$$

$$x = 1 + \frac{2}{3+\sqrt{27}} = 1 + \frac{2(\sqrt{27}-1)}{27-9},$$

$$x = \frac{18 + 2\sqrt{27} - 6}{18} = \frac{2+\sqrt{3}}{3},$$

ce qu'il fallait retrouver.

PROBLÈME V.

Développer $\sqrt[3]{2}$ *en fraction continue.*

Posons

$$x = \sqrt[3]{2} = 1 + \frac{1}{y};$$

d'où

$$\sqrt[3]{2} = \frac{y+1}{y}.$$

Faisant $y = 1, 2, 3, 4\ldots$, on a

$$\sqrt[3]{2} < 2 \qquad \sqrt[3]{2} < \frac{3}{2} \qquad \sqrt[3]{2} < \frac{4}{3} \qquad \sqrt[3]{2} > \frac{5}{4},$$

$$2 < 8 \qquad 2 < \frac{27}{8} \qquad 2 < \frac{64}{27} \qquad 2 > \frac{125}{64}.$$

Donc la valeur de y est comprise entre 3 et 4.

$$y = 3 + \frac{1}{z};$$

d'où

$$x = \sqrt[3]{2} = 1 + \frac{1}{3 + \frac{1}{z}} = \frac{4z+1}{3z+1}.$$

Faisant $z = 1, 2, 3$, etc...., il vient

$$\sqrt{2} > \frac{5}{4} \qquad \sqrt[3]{2} < \frac{9}{7},$$

$$2 > \frac{125}{16} \qquad 2 < \frac{729}{343}.$$

Donc,

$$z = 1 + \frac{1}{t},$$

d'où

$$x = \sqrt[3]{2} = 1 + \cfrac{1}{3 + \cfrac{1}{1 + \cfrac{1}{t}}}.$$

On pourra continuer le calcul de cette manière.

Il en serait de même s'il s'agissait de développer la racine $m^{\text{ième}}$ d'un nombre quelconque; mais les opérations deviennent de plus en plus laborieuses.

II.

Des logarithmes.

Des logarithmes. Extension de la théorie arithmétique des logarithmes.

Un élément de calcul des plus importants, comme on l'a vu en arithmétique, est le logarithme. Les notions arithmétiques élémentaires ne permettant pas de donner dans cette première partie des études l'extension nécessaire à la théorie logarithmique, nous allons la reprendre complétement.

Définition arithmétique.

Si l'on considère deux progressions, l'une géométrique contenant l'unité pour un de ses termes, l'autre arithmétique contenant zéro pour un de ses termes; si l'on écrit ces deux progressions de manière que 1 et 0 se correspondent, les termes de la progression arithmétique sont dits les logarithmes des termes correspondants de la progression géométrique.

De sorte que dans les deux progressions

$$a : b : c : d : 1 : e : f : g : h : \text{etc}\ldots$$
$$a' . b' . c' . d' . 0 . c' . f' . g' . h' . \text{etc}\ldots$$

a', b', c', etc..., sont les logarithmes des termes a, b, c, etc.

On voit d'après cela que quelles que soient les progressions que l'on considère, zéro sera toujours le logarithme de l'unité. Si l'on désigne par q la raison de la progression géométrique, et par r celle de la progression arithmétique, les deux progressions peuvent s'écrire comme il suit :

$$q^{-4} : q^{-3} : q^{-2} : q^{-1} : 1 : q : q^2 : q^3 : q^4, \text{etc}\ldots$$
$$-4r . -3r . -2r . -r . 0 . r . 2r . 3r . 4r \ldots$$

De la considération de ces deux progressions il résulte que le produit de deux termes de la première donne un terme de cette progression, et que la somme de deux termes de la seconde donne aussi un terme de la progression; par suite, il est facile d'établir le théorème suivant, qui est la base de la théorie des logarithmes.

THÉORÈME I.

Le logarithme du produit de deux nombres est égal à la somme des logarithmes de ces deux nombres.

En effet, soient $a = q^m$, $b = q^p$, deux nombres dont les logarithmes sont respectivement mr et pr, on aura

$$a.b = q^{m+p}; \quad \text{d'où} \quad \log(a.b) = (m+p)r = mr + pr,$$

et par suite

$$\log(a.b) = \log a + \log b.$$

Il est clair que la démonstration est indépendante des signes de m et de p.

COROLLAIRE I.

Le logarithme d'un produit de plusieurs facteurs est égal à la somme des logarithmes de chacun de ses facteurs;

car

$$\begin{aligned}\log(a.b.c.d) = \log(a.bcd) &= \log a + \log(b.cd) \\ &= \log a + \log b + \log(c.d) \\ &= \log a + \log b + \log c + \log d.\end{aligned}$$

COROLLAIRE II.

Le logarithme de la puissance d'un nombre est égal au logarithme d'un nombre multiplié par l'indice de la puissance;

car

$$\log a^m = \log(\overbrace{a.a.a.\ldots.}^{m \text{ fois}}) = \log a + \log a + \ldots = m \log a.$$

COROLLAIRE III.

Réciproquement, le logarithme d'un quotient est égal au logarithme du dividende, moins le logarithme du diviseur.

Ainsi,

$$\log \frac{a}{b} = \log a - \log b;$$

car si on pose

$$\frac{a}{b} = c, \quad \text{on a} \quad a = c.b;$$

donc

$$\log a = \log b + \log c,$$

et par suite

$$\log c = \log a - \log b.$$

COROLLAIRE IV.

Le logarithme de la racine $m^{\text{ième}}$ d'un nombre est égal au logarithme du nombre divisé par m;

car on a

$$(\sqrt[m]{a})^m = a;$$

d'où

$$m. \log \sqrt[m]{a} = \log a,$$

$$\log \sqrt[m]{a} = \frac{\log a}{m}.$$

Il est bien entendu que dans tout ce qui précède, les nombres dont il s'agit font partie de la progression géométrique.

SCOLIE.

Il résulte de ce théorème et de ses corollaires que, si tous les nombres pouvaient faire partie d'une même progression géométrique contenant l'unité pour un de ses termes, et si l'on avait une table de leurs logarithmes, on pourrait remplacer une multiplication par une addition, une division par une soustraction, une élévation à une puissance par une multiplication, une extraction de racine par une division.

Ainsi, pour calculer le produit $a \times b$, on chercherait dans la table le logarithme de a, puis celui de b; on les ajouterait : on aurait le logarithme de $a \times b$, et en cherchant le nombre correspondant à ce logarithme on aurait le produit cherché.

Il est donc important d'établir que toutes les grandeurs peuvent faire partie d'une progression géométrique, et ensuite de voir comment on peut calculer des tables de logarithmes.

THÉORÈME II.

Toutes les grandeurs peuvent être considérées comme faisant partie d'une progression géométrique ayant l'unité pour un de ses termes, et, d'une progression géométrique donnée, ayant un pour un de ses termes, on peut toujours en déduire une autre contenant toutes les grandeurs possibles.

La première partie du théorème est facile à voir, car si l'on prend la raison aussi près de l'unité que l'on voudra, le quotient entre deux termes étant aussi près de l'unité que l'on voudra, leur différence sera aussi près de zéro que l'on voudra. Donc on conçoit que toutes les grandeurs puissent faire partie d'une progression géométrique dont la raison serait suffisamment rapprochée de l'unité.

Cela posé, il est aisé de prouver que d'une progression

$$1 : B : B^2 : B^3 : B^4 \text{ etc...}$$

on en peut déduire une autre dont la raison serait aussi près de l'unité que l'on voudra.

Pour cela, nous allons faire voir que l'on peut toujours déterminer le nombre de moyens à insérer entre chaque terme pour satisfaire à la condition demandée.

Soit $n - 1$ le nombre de moyens, on aura :

$$q = \sqrt[n]{B}.$$

Il suffit de prouver que

$$\sqrt[n]{B} < 1 + \varepsilon,$$

pour une valeur convenable de n, ε étant aussi petit que l'on voudra. Or, cela revient à

$$B < (1+\varepsilon)^n.$$

Mais

$$(1+\varepsilon)^n > 1 + n\varepsilon \text{ (*)}.$$

Donc, en posant

$$B = 1 + n\varepsilon \quad \text{ou} \quad n = \frac{B-1}{\varepsilon}$$

on satisfera à la condition demandée.

THÉORÈME III.

Etant donnés des nombres en progression géométrique et leurs logarithmes, on peut toujours calculer le logarithme d'un nombre qui ne se trouve pas parmi eux, à une approximation donnée, si l'on ne peut l'avoir exactement.

Soient les deux progressions :

$$\ldots B^{-1} : 1 : B : B^2 : B^3 : \text{etc}\ldots$$
$$-r \,.\, 0 \,.\, r \,.\, 2r \,.\, 3r \,.\, \text{etc}\ldots$$

Appelons N le nombre dont il s'agit de calculer le logarithme à $\frac{1}{\delta}$ près; ce nombre tombera entre deux termes de la progression géométrique, B^2 et B^3 par exemple; si on insère entre ces deux termes et entre leurs logarithmes $2r$ et $3r$, $\delta - 1$ moyens, les termes de la progression arithmétique varieront par degrés égaux à $\frac{1}{\delta}$, et si le nombre N ne se trouve pas dans les moyens géométriques contenus entre B^2 et B^3, il tombera entre deux dont les logarithmes différeront du logarithme cherché de moins de $\frac{1}{\delta}$.

Donc on peut toujours, avec une progression géométrique donnée, calculer le logarithme d'un nombre qui ne s'y trouve pas.

(*) On peut facilement établir cette inégalité sans la considération du binôme, car on a

$$1+\varepsilon - 1 = \varepsilon.$$
$$(1+\varepsilon)^2 - (1+\varepsilon) > \varepsilon.$$
$$(1+\varepsilon)^3 - (1+\varepsilon)^2 > \varepsilon.$$
$$\vdots$$
$$(1+\varepsilon)^n - (1+\varepsilon)^{n-1} > \varepsilon.$$

Ajoutant, il vient $\quad (1+\varepsilon)^n - 1 > n\varepsilon, \quad$ ou $\quad (1+\varepsilon)^n > 1 + n\varepsilon.$

REMARQUE.

L'insertion de δ moyens exige, pour la progression géométrique, l'extraction d'une racine de l'ordre δ, qui peut être fort incommode; mais il est facile de voir qu'à l'aide d'une série de moyennes géométriques et arithmétiques on peut arriver au même résultat.

CONCLUSION.

Ces trois théorèmes constituent la théorie des logarithmes proprement dite.

Le premier donne les propriétés des logarithmes.

Le second fait voir que ces propriétés sont applicables à toutes les grandeurs.

Le troisième montre enfin la possibilité de calculer le logarithme d'un nombre quelconque en partant d'un système de progressions quelconque.

Des logarithmes considérés comme exposants.

Si l'on considère une progression arithmétique contenant 1 pour un de ses termes, ce que l'on peut toujours faire, puisque la progression arithmétique est entièrement arbitraire, on aura Autre manière de considérer les logarithmes.

$$1 : q : q^2 \ldots : q^n : q^{n+1} \text{ etc.}\ldots$$
$$0 . r . 2r \ldots . 1 . (n+1) r \text{ etc.}\ldots$$

et par suite $1 = nr$, d'où $n = \frac{1}{r}$. Donc le terme correspondant à 1, ou le terme qui a pour logarithme l'unité, est $q^{\frac{1}{r}}$. Appelons-le B, on aura

$$B = q^{\frac{1}{r}},$$
$$B^0 = 1,$$
$$B^r = q,$$
$$B^{2r} = q^2,$$
$$\vdots$$
$$B^{p.r} = q^p.$$

Définition algébrique.

Donc, en élevant le nombre B à des puissances marquées par les logarithmes des nombres, on reproduit ces nombres. *On peut alors considérer le logarithme d'un nombre comme l'exposant de la puissance à laquelle il faut élever un nombre constant pour reproduire le nombre primitif.*

Le nombre B ayant pour logarithme l'unité ou le nombre constant que l'on élève à des puissances successives, s'appelle *Base*. On voit que le nombre une fois donné, les logarithmes sont déterminés; on dit alors que le système de logarithmes est fixé.

On peut, en considérant les logarithmes sous ce nouveau point de vue, établir les trois théorèmes précédents.

Le premier est une conséquence de la règle des exposants

$$a = B^{\log a},\quad b = B^{\log b},\quad a \times b = B^{\log a + \log b}.$$

Donc

$$\log(a.b) = \log a + \log b.$$

Le second théorème revient à démontrer qu'un nombre élevé à des puissances suffisamment rapprochées passe par tous les états de grandeur.

Soit B le nombre, p et $p+\delta$ deux puissances successives; il suffit de faire voir que l'on peut prendre δ assez petit pour que

$$B^{p+\delta} - B^p < \alpha,$$

α étant aussi petit qu'on voudra.

En divisant tout par B^p, et posant $\frac{\alpha}{B^p} = \varepsilon$,

$$B^\delta - 1 < \varepsilon,$$
$$B^\delta < (1 + \varepsilon).$$

Faisant $\delta = \frac{1}{m}$, cela revient à

$$\sqrt[m]{B} < 1 + \varepsilon.$$

Ce qui est toujours possible pour une valeur suffisamment grande de m, comme on l'a vu précédemment.

On suppose que B est plus grand que l'unité; dans le cas contraire, posons $B = \frac{1}{B'}$. Il s'agit de faire voir que l'inégalité

$$\frac{1}{B'^{p}} - \frac{1}{B'^{p+\delta}} < \alpha$$

peut être satisfaite pour une valeur suffisamment petite de δ.

Multipliant par B'^{p}, il vient

$$1 - \frac{1}{B'^{\delta}} < \alpha . B'^{p}$$

ou

$$B'^{\delta} < \frac{1}{1 - \alpha . B'^{p}} = 1 + \epsilon;$$

inégalité que l'on peut toujours satisfaire.

Il nous reste enfin à montrer la possibilité de calculer un logarithme dans un système dont la base est donnée, ou, ce qui revient au même, comment on peut résoudre l'équation

$$A = B^{x};$$

x représentant le logarithme de A, et B la base donnée.

Il peut se présenter différents cas :

1° $B > 1$, $A > 1$; alors x sera positif. Donnons-lui les valeurs 0, 1, 2, 3, 4, etc..., et supposons que l'on ait

$$B^{a} < A < B^{a+1}.$$

x tombera en a et $a + 1$, et l'on pourra poser

$$x = a + \frac{1}{y};$$

d'où

$$A = B^{a+\frac{1}{y}}, \quad B^{\frac{1}{y}} = \frac{A}{B^{a}} = B',$$

et enfin,

$$B = B'^{y};$$

équation du même genre que la première, puisque $B > 1$, $B' > 1$, et que l'on traitera de la même manière.

La valeur de x pourra donc toujours se mettre sous la forme

$$x = a + \cfrac{1}{b + \cfrac{1}{c + \text{etc.}\ldots}}$$

On pourra alors toujours calculer le logarithme d'un nombre à une aussi grande approximation que l'on voudra, si l'on ne peut l'avoir exactement.

2° $B > 1$, $A < 1$. La valeur de x doit être ici négative; posant $x = -x'$, on a

$$A = B^{-x'} \quad \text{ou} \quad \frac{1}{A} = B^{x'}.$$

$\frac{1}{A}$ étant plus grand que l'unité, on rentre dans le cas précédent.

3° $B < 1$, $A > 1$. Dans ce cas x est négatif; on pose de même $x = -x'$; ce qui conduit à

$$A = B^{-x'} = \left(\frac{1}{B}\right)^{x'}.$$

$\frac{1}{B} > 1$, donc, etc...

4° $B < 1$, $A < 1$. x doit être positif; mais

$$\frac{1}{A} = \left(\frac{1}{B}\right)^{x},$$

$\frac{1}{A}$ et $\frac{1}{B}$ étant plus petits que 1; donc on rentre encore dans le premier cas.

REMARQUE.

Les moyens de calculer le logarithme d'un nombre, que nous avons exposés, n'indiquent pas quand un logarithme peut se trouver exactement; nous allons établir un théorème qui fixera les idées à cet égard.

THÉORÈME IV.

Un nombre ne peut avoir un logarithme commensurable qu'autant qu'il est une puissance commensurable de la base du système de logarithmes que l'on considère.

Considérons d'abord les logarithmes sous le point de vue arithmétique, et supposons que

$$\log N = \frac{p}{q}.$$

Prenons la progression

$$1 : B : B^2 : B^3 \text{ etc.}\ldots$$
$$0 . 1 . 2 . 3 . \text{ etc.}\ldots$$

B étant la base du système, et supposons que N tombe entre B^2 et B^3, par exemple ; si nous insérons entre B^2 et B^3 et entre 2 et 3, $q-1$ moyens, les raisons des progressions seront pour la première $\sqrt[q]{B}$, et pour la seconde $\frac{1}{q}$. Nous aurons donc

$$B^2 : B^2\sqrt[q]{B} : B^2\sqrt[q]{B^2} : \text{ etc.}\ldots$$
$$2 . 2+\frac{1}{q} . 2+\frac{2}{q}. \text{ etc.}\ldots$$

ou

$$B^2 : B^{2+\frac{1}{q}} : B^{2+\frac{2}{q}} : \text{etc.}\ldots : B^{\frac{p}{q}} : \ldots$$
$$2 . 2+\frac{1}{q} . 2+\frac{2}{q}. \text{ etc.}\ldots \frac{p}{q}.$$

Donc

$$N = B^{\frac{p}{q}}.$$

Si l'on considère la définition algébrique, ce théorème est évident, puisque le logarithme est une puissance de la base.

SCOLIE.

Il résulte de ce théorème, qu'il est facile de trouver les conditions qui doivent déterminer la composition d'une quantité commensurable par rapport à la base, lorsque cette quantité a un logarithme commensurable.

D'abord, il est clair que si la base est entière, le nombre doit être entier; et que si la base est fractionnaire, le nombre ne saurait être entier.

Cela posé, supposons que l'on cherche les conditions pour que

$$A = B^{\frac{p}{q}}.$$

A et B étant des nombres entiers, on déduit de là

$$A^q = B^p.$$

Appelons a, b, c, d, etc., les facteurs premiers de A, et a', b', c',... ceux de B, et supposons que l'on ait

$$\mathrm{A} = a^{\alpha} . b^{\beta} . c^{\gamma} \ldots$$
$$\mathrm{B} = a'^{\alpha'} . b'^{\beta'} . c'^{\gamma'} \ldots$$

Il faudra que l'on ait

$$a^{\alpha q} . b^{\beta q} . c^{\gamma q} \ldots = a'^{\alpha' p} . b'^{\beta' p} . c'^{\gamma' p} \text{ etc...}$$

Or, deux nombres entiers égaux ne peuvent se composer que des mêmes facteurs premiers élevés aux mêmes puissances. On devra donc avoir

$$a = a', \quad b = b', \quad c = c' \text{ etc...}$$
$$\alpha q = \alpha' p, \quad \beta q = \beta' p, \quad \gamma q = \gamma' p \text{ etc...}$$

ou

$$\frac{\alpha}{\alpha'} = \frac{\beta}{\beta'} = \frac{\gamma}{\gamma'} = \text{etc...} = \frac{p}{q}.$$

Il faut donc que les deux nombres, le nombre donné et la base, se composent des mêmes facteurs premiers, et que le rapport des exposants des mêmes facteurs premiers dans l'un et l'autre nombre soit constant.

Si, au lieu de considérer des nombres entiers, on considérait des nombres fractionnaires, on pourrait les supposer réduits à leur plus simple expression; et alors il faudrait que les numérateurs et les dénominateurs satisfissent aux conditions précédentes, le rapport constant étant le même pour les numérateurs et les dénominateurs.

Des différents systèmes de logarithmes.

Des différents systèmes de logarithmes. Un système de logarithmes est déterminé lorsqu'on se donne sa *base*, c'est-à-dire, le nombre qui a pour logarithme l'*unité*.

En général, si l'on se donne le logarithme d'un nombre quelconque, tous les autres sont déterminés, et il est facile de déterminer la *base* du système.

Module d'un système. On peut aussi se fixer un système de logarithmes en se donnant *la limite du rapport de la raison de la progression arithmétique à l'accroissement de l'unité dans la progression géométrique*, ou, ce qui revient au même, *la limite du rapport des accroissements des termes* o *et* 1 *dans les deux progressions*. Ce rapport prend le nom de *module* du système de logarithmes.

Il est bien clair que le système est déterminé, car cela revient à se donner le logarithme d'un nombre.

Un système est donc déterminé, soit par sa *base*, soit par son *module*. Dans le calcul habituel on emploie les logarithmes dans la base 10. Ce système est celui de *Briggs;* on l'a adopté dans la construction des tables de *Callet*, dont la description et l'usage ont été donnés en arithmétique.

On emploie aussi les logarithmes *népériens* ou *hyperboliques* correspondants au système dans lequel le *module* est égal à l'unité.

Ces considérations nous conduisent aux questions suivantes.

PROBLÈME I.

La base d'un système de logarithmes étant donnée, trouver le module de ce système, et, réciproquement, le module d'un système étant donné, trouver sa base. — Ou trouver la relation qui existe entre le module et la base d'un système de logarithmes.

Représentons par α l'accroissement de l'unité dans la progression géométrique; par μ, le module du système, et par B sa base. Nous aurons les progressions

$$1 : 1+\alpha : (1+\alpha)^2 : (1+\alpha)^3 \ldots\ldots : \mathrm{B} : \text{etc}\ldots$$
$$0 \,.\, \mu\alpha \,.\, 2\mu\alpha \,.\, 3\mu\alpha \ldots\ldots 1 \,.\, \text{etc}\ldots$$

Si on suppose que

$$\mathrm{B} = (1+\alpha)^n, \quad \text{on aura } n.\mu\alpha = 1.$$

Donc

$$\mathrm{B} = (1+\alpha)^{\frac{1}{\mu\alpha}},$$

ou

$$\mathrm{B} = \left[(1+\alpha)^{\frac{1}{\alpha}}\right]^{\frac{1}{\mu}}.$$

Si l'on suppose que $\mu=1$, on a, en désignant par e la base du système *népérien*,

$$e=(1+\alpha)^{\frac{1}{\alpha}},$$

α étant une quantité qui converge vers zéro. De sorte que pour avoir e, il faudrait chercher la limite de l'expression

$$(1+\alpha)^{\frac{1}{\alpha}},$$

lorsque α diminue et tend à devenir nul. Supposons cette question résolue, on aura

$$B=e^{\frac{1}{\mu}} \quad \text{ou} \quad B^{\mu}=e.$$

Donc une *base* quelconque, élevée à une puissance marquée par son *module*, donne la base du système népérien.

Il suit de là, qu'il sera toujours facile, au moyen de cette relation, de déterminer le *module* ou la *base* d'un système, l'une ou l'autre de ces deux quantités étant donnée, en supposant toutefois que la *base népérienne* soit déterminée.

Exemple I. Déterminer le module du système de Briggs

$$B=10.$$

Donc,

$$10^{\mu}=e;$$

d'où

$$\mu=\log e,$$

les logarithmes étant pris dans la base 10.

Exemple II. Trouver la base dans un système dont le module est $\mu=2$.

On a

$$B^2=e;$$

d'où

$$B=\sqrt{e},$$

ou

$$\log B=\frac{\log e}{2}.$$

En prenant les logarithmes dans un système connu, en cherchant le nombre correspondant à $\log B$, on aura la base cherchée.

PROBLÈME II.

Étant donnés les logarithmes des nombres calculés dans un certain système, dont la base B *est donnée, en déduire les logarithmes de ces mêmes nombres dans un système dont la base serait* B'.

On peut remarquer pour cela, que si l'on écrit les nombres et leurs logarithmes dans les deux systèmes, on aura

$$\div\!\div 1 : 1+\alpha : (1+\alpha)^2 : (1+\alpha)^3 \ldots : B : \ldots : B' : \text{etc.}\ldots$$
$$\div\, 0\,.\ \mu\alpha\ .\ 2\mu\alpha\ .\ 3\mu\alpha\ \ldots\ 1\ \ldots \log B'.\ \text{etc.}\ldots$$
$$\div\, 0\,.\ \mu'\alpha\ .\ 2\mu'\alpha\ .\ 3\mu'\alpha\ \ldots \log' B \ldots\ 1.\ \text{etc.}\ldots$$

Ce qui fait voir que les logarithmes d'un même nombre sont dans un rapport constant et égal au rapport des modules des systèmes des logarithmes auxquels ils appartiennent. Si l'on désigne par M ce rapport, on aura

$$M = \frac{\mu'}{\mu} = \frac{1}{\log B'}.$$

Cette quantité M est ce qu'on appelle *le module de transformation;* elle sert à passer du premier système au second, et on voit qu'elle est égale à l'unité divisée par le logarithme de la nouvelle *base*, pris dans l'ancienne.

On pouvait aussi remarquer, en partant de la définition algébrique des logarithmes, que,

$$N = B^{\log N} = B'^{\log' N};$$

d'où, en prenant les logarithmes dans la base connue B,

$$\log N = \log' N . \log B',$$

et par suite

$$\log' N = \frac{1}{\log B'} \times \log N;$$

donc, etc...

Enfin, puisque l'on a

$$B^{\mu} = B'^{\mu'},$$

en prenant les logarithmes dans la base B, on a

$$\mu = \mu' . \log B';$$

donc

$$\frac{\mu'}{\mu}=\frac{1}{\log B'}=M;$$

donc, etc...

Exemple. Trouver le module de transformation pour passer du système de *Briggs* au système *népérien*.

$B'=e$. Donc,

$$M=\frac{1}{\log e}.$$

PROBLÈME III.

Déterminer la base du système népérien ou la limite de l'expression

$$(1+\alpha)^{\frac{1}{\alpha}},$$

lorsque α *converge vers zéro.*

Pour cela, α étant une quantité qui devient nécessairement plus petite que l'unité, posons:

$$\alpha=\frac{1}{m}.$$

On pourra toujours supposer m entier et assez grand pour que α atteigne sa limite d'une manière continue, en supposant que m reçoive des valeurs entières consécutives; car la différence

$$\frac{1}{m}-\frac{1}{m+1}=\frac{1}{m(m+1)}$$

peut devenir aussi petite que l'on voudra. La question est donc ramenée à calculer la limite de

$$\left(1+\frac{1}{m}\right)^m,$$

m étant un nombre entier convergent vers l'infini.

Or, en développant, on a

$$\left(1+\frac{1}{m}\right)^m=1+1+\frac{m(m-1)}{1.2}\cdot\frac{1}{m^2}+\frac{m(m-1)(m-2)}{1.2.3}\cdot\frac{1}{m^3}+\text{etc...}$$

$$=1+1+\frac{\left(1-\frac{1}{m}\right)}{1.2}+\frac{\left(1-\frac{1}{m}\right)\left(1-\frac{2}{m}\right)}{1.2.3}+\text{etc...}$$

et à la limite $m=\infty$.

$$\lim\left(1+\frac{1}{m}\right)^m=\lim\left(1+\frac{1}{\alpha}\right)^\alpha=e=1+1+\frac{1}{1.2}+\frac{1}{1.2.3}+\frac{1}{1.2.3.4}+\text{etc.}$$

Il est facile de voir :

1° Que cette série de termes converge vers un nombre compris entre 2 et 3 ;

2° Que ce nombre est incommensurable.

En effet, soit :

$$e=2+\frac{1}{1.2}+\frac{1}{1.2.3}+\frac{1}{1.2.3.4}+\frac{1}{1.2.3.4.5}+\text{etc...}$$

Supposons que l'on s'arrête inclusivement, au terme :

$$\frac{1}{1.2.3...b},$$

la quantité négligée sera

$$E=\frac{1}{1.2.3...b(b+1)}+\frac{1}{1.2...(b+1)(b+2)}+...$$
$$=\frac{1}{1.2.3...(b+1)}\left(1+\frac{1}{b+2}+\frac{1}{(b+2)(b+3)}+...\right).$$

Or, chaque terme de la somme entre parenthèses est plus petit que le terme correspondant de la somme des termes d'une progression géométrique décroissante, dont le premier terme serait 1, et la raison $b+1$. Ainsi,

$$E<\frac{1}{1.2.3...b(b+1)}\cdot\left(1+\frac{1}{b+1}+\frac{1}{(b+1)^2}...\right)=\frac{1}{1.2.3...b(b+1)}\cdot\frac{b+1}{b}$$

ou

$$E<\frac{1}{1.2.3...(b-1).b}\cdot\frac{1}{b}.$$

On voit donc que l'erreur diminue plus le nombre des termes augmente ; elle sera la plus grande possible lorsqu'on négligera tous les termes fractionnaires, ce qui correspond à $b=1$; et alors

$$E<1.$$

Donc e est compris entre 2 et 3.

En second lieu, il est aisé de voir que e ne peut être un nombre commensurable $\frac{a}{b}$, car alors on aurait :

$$\frac{a}{b} = 2 + \frac{1}{1.2} + \text{etc.} \ldots + \frac{1}{1.2.3\ldots b} + \frac{1}{1.2.3\ldots b(b+1)} + \text{etc.} \ldots$$

ou en multipliant tous les termes par $1, 2, 3\ldots, b$,

$$N = N' + \frac{1}{b+1} + \frac{1}{(b+1)(b+2)} + \frac{1}{(b+1)(b+2)(b+3)} + \text{etc.} \ldots$$

N et N' désignant des nombres entiers ;
d'où

$$N - N' < \frac{1}{b}.$$

Ce qui est absurde.

En calculant le nombre e approximativement, on trouve,

$$e = 2{,}718\,281\,828\ldots$$

Par suite, pour passer du système de *Briggs* au système *népérien*, on emploierait le module

$$M = \frac{1}{\log(2{,}718\,281\,828\ldots)} = 2{,}302\,585\,092\ldots$$

Il serait facile de voir que M est égal au *log. népérien* de 10 ; car on a, en indiquant par la caractéristique l le logarithme népérien,

$$10 = e^{l10};$$

d'où

$$1 = l10 . \log e.$$

Donc

$$l10 = \frac{1}{\log e} = M = 2{,}302\,585\,092\ldots$$

Du reste, c'est un fait général, le module de transformation est toujours égal au logarithme de l'ancienne base, pris dans la nouvelle.

Pour passer du système népérien au système de *Briggs*, il faudrait employer un module

$$M' = \frac{1}{l10} = \log e = 0{,}43429448 \text{ etc.} \ldots$$

III.

Des diviseurs et du plus grand commun diviseur en algèbre.

Une des théories les plus importantes de l'arithmétique est celle des diviseurs et du plus grand commun diviseur des nombres ; nous allons étendre les considérations qui y sont relatives, aux quantités de l'algèbre. Pour cela, il est nécessaire de poser quelques définitions.

Des quantités algébriques entières.

Une quantité algébrique est dite *entière* lorsque tous les coefficients numériques sont *entiers*, et que les quantités littérales qui y entrent ne sont affectées que d'exposants *entiers* et *positifs*.

Lorsqu'une quantité algébrique ne contient que des puissances entières et positives d'une certaine lettre, on dit qu'elle est *entière* par rapport à cette *lettre;* les coefficients de cette lettre étant du reste quelconques; ce sont les véritables quantités entières de l'algèbre.

Ainsi,

$3x^2 - 5abx + 3a^2 + b^2$ est une quantité entière.

$\frac{3}{2}ax^2 - 5\frac{a}{b}x + \frac{3}{4}a^2 - b$ est une quantité entière par rapport à x et à a.

Des diviseurs algébriques.

Cela posé, nous entendrons par *diviseur* d'une expression algébrique toute quantité conduisant à un quotient entier par rapport aux facteurs littéraux que l'on considère dans l'expression donnée, et à un reste nul.

Ainsi,

$x - y$ est diviseur de $x^2 - y^2 + 3(x - y) = (x - y)(x + y - 3)$,

$\frac{4}{9}x^2 - \frac{16}{25}$ a pour diviseur $\frac{2}{3}x - \frac{4}{5}$, car $\frac{4}{9}x^2 - \frac{16}{25} = \left(\frac{2}{3}x - \frac{4}{5}\right)\left(\frac{2}{3}x - \frac{4}{5}\right)$.

Lorsqu'on donne une quantité algébrique, les diviseurs de cette quantité peuvent être considérés sous plusieurs points de vue, car il peut entrer dans une quantité algébrique des facteurs numériques et des facteurs littéraux. Il y a donc à chercher les diviseurs numériques et les diviseurs algébriques, ou dans lesquels il entre des facteurs littéraux. Ces diviseurs algébriques doivent être toujours entiers par rapport aux lettres que l'on considère. Il est du reste indifférent que leurs coefficients soient entiers.

Un facteur numérique peut être entier ou racine d'un nombre entier. Nous dirons que $\sqrt{A}$ divise exactement $\sqrt{B}$, si A divise B, A et B étant des nombres entiers.

Ainsi,

$$\sqrt{2} \text{ est diviseur de } \sqrt{6}, \text{ car on a } \frac{\sqrt{6}}{\sqrt{2}}=\sqrt{3}.$$

$$\sqrt{5} \text{ est facteur de } 5x^3+\frac{2}{3}\sqrt{5}.x^2-\sqrt{10}.x+15,$$

car on a

$$\left(\sqrt{5}.x^3+\frac{2}{3}x^2-\sqrt{2}.x+3.\sqrt{5}\right)\sqrt{5}=5x^3+\frac{2}{3}\sqrt{5}x^2-\sqrt{10}x+15.$$

Lorsqu'il s'agit d'un polynôme *entier* ou ne contenant que des irrationnels entiers, pour que le quotient soit de même forme, lorsqu'on recherche un diviseur *entier* ou *racine de nombre entier*, il est nécessaire que ce diviseur divise les coefficients de tous les termes, en supposant que les termes semblables soient réunis; car il n'y a de réductions possibles qu'entre les termes semblables.

Il en serait de même s'il s'agissait d'un diviseur algébrique relativement à un polynôme qui contiendrait une lettre qui n'entrerait pas dans ce diviseur. Il faudrait évidemment que ce dernier soit facteur des coefficients du polynôme, supposé ordonné par rapport à la lettre qui n'entre pas dans le diviseur.

Quantité première.

Cela posé, nous considérerons comme quantité *première* en algèbre toute quantité, algébriquement parlant, qui ne sera divisible que par elle-même ou par l'unité.

Ainsi,

$$x+y,\quad x-\frac{1}{3},x+\sqrt{2}, \text{ sont des facteurs premiers.}$$

$$x\sqrt{2}+2,\quad x^2-2,\quad x^2+3, \text{ ne sont pas des facteurs premiers;}$$

car on peut les écrire

$$\sqrt{2}(x+\sqrt{2}),\quad (x+\sqrt{2})(x-\sqrt{2}),\quad (x+\sqrt{-3})(x-\sqrt{-3}).$$

Deux quantités sont dites premières entre elles lorsqu'elles n'admettent pas d'autres facteurs communs que l'unité.

Lorsqu'il s'agit de reconnaître si un facteur algébrique est premier, il faut montrer qu'il ne contient aucun facteur numérique et algébrique entier par rapport aux lettres que l'on considère. La quantité

$$\sqrt{2}.x^2+(1+\sqrt{2})x+1,$$

n'est pas première, car elle peut s'écrire

$$\sqrt{2}.x^2+\sqrt{2}.x+x+1=(x+1)(\sqrt{2}.x+1).$$

Ces définitions posées, passons à l'extension des principaux théorèmes arithmétiques sur les diviseurs.

THÉORÈME I.

Tout facteur premier qui divise exactement un produit de deux facteurs divise au moins l'un d'eux.

Le théorème a été démontré en arithmétique pour des nombres entiers. Il est facile de l'étendre au cas où les facteurs sont numériques, mais irrationnels entiers, en regardant comme facteur premier irrationnel la racine d'un degré quelconque d'un facteur premier (*). Théorème fondamental sur les diviseurs.

(*) En effet, soit $\sqrt[m]{A}\times\sqrt[m]{B}$ un produit divisible par $\sqrt[m]{f}$, A et B étant des nombre entiers, f un nombre premier, je dis que f divise A ou B.

Car

$$\frac{\sqrt[m]{A}\times\sqrt[m]{B}}{\sqrt[m]{f}}=\sqrt[m]{\frac{A.B}{f}}.$$

Et par hypothèse, la quantité sous le radical doit être entière ; donc il faut que f divise au moins l'un des deux facteurs A et B.

Supposons actuellement que les trois facteurs soient algébriques, entiers par rapport aux quantités littérales que l'on considère, et examinons le cas où les trois quantités données ne sont fonctions que d'une seule lettre.

Soit $A \times B$ le produit divisible par la quantité première P, il faut que l'un des deux facteurs au moins soit divisible par P; car supposons qu'ils ne le soient ni l'un ni l'autre, et divisons l'un d'eux par P, ou réciproquement suivant les degrés, on aura

$$A = P.Q + R, \quad \text{ou} \quad P = A.Q + R.$$

Puis divisons P par R et par les restes successifs que l'on obtiendra, jusqu'à ce qu'on arrive à un résultat numérique; ce qui arrivera nécessairement, puisque les degrés des différents restes vont en décroissant au moins d'une unité, et que P étant une quantité première, aucune division ne peut se faire exactement. Nous aurons

$$P = RQ' + R',$$
$$P = R'Q'' + M,$$

en supposant qu'à la troisième opération on trouve la quantité numérique M.

En multipliant par B et divisant par P les égalités, on a :

$$\frac{A.B}{P} = Q.B + \frac{R.B}{P} \quad \text{ou} \quad B = \frac{A.B}{P}.Q + \frac{R.B}{P}$$

$$\begin{cases} B = \frac{R.B}{P}.Q' + \frac{R'.B}{P} \\ B = \frac{R'.B}{P}.Q'' + \frac{M.B}{P}. \end{cases}$$

Ce qui montre que M.B doit être divisible par P. Or si on divise B par P, on aura

$$B = P.q + r; \quad \text{d'où} \quad \frac{M.B}{P} = Mq + \frac{r.M}{P},$$

c'est-à-dire que le produit $r.M$ qui est d'un degré moindre que P devrait être divisible par P, ce qui est absurde. Donc il est absurde de supposer que ni A ni B ne soient divisibles par P. Donc l'un des deux au moins doit l'être.

Ce théorème est indépendant de la nature des coefficients; il n'exige que la condition que les quantités algébriques employées soient entières, algébriquement parlant.

Si les facteurs donnés contenaient deux lettres, on appliquerait la même démonstration; seulement il faudrait ordonner les quantités algébriques considérées par rapport à une même lettre, et pour éviter l'introduction de l'autre lettre en dénominateur, on multiplierait chaque diviseur par les facteurs fonctions de cette lettre nécessaires. Dans ce cas M serait alors un facteur algébrique entier ne contenant que la lettre par rapport à laquelle on n'a pas ordonné.

REMARQUE.

Il pourrait se faire que le diviseur P ne contenant qu'une lettre, A ou B en contiennent deux. Il faudrait alors modifier la démonstration comme il suit : ayant ordonné les deux polynômes par rapport à la lettre qui n'entre pas dans P, représentons par A' l'ensemble des termes dont les coefficients sont divisibles par P, et par A'', l'ensemble des autres termes, en faisant la même séparation dans B, s'il y a lieu, on aura

$$\frac{A.B}{P} = \frac{(A'+A'')(B'+B'')}{P} = \frac{A'.B'}{P} + \frac{A'.B''}{P} + \frac{A''B'}{P} + \frac{A''.B''}{P}.$$

Or le premier membre de l'égalité, ainsi que les trois premiers termes du deuxième membre, étant entiers, algébriquement parlant, il est nécessaire que $\frac{A''B''}{P}$ le soit aussi. Si l'on prend le terme le plus élevé de ce produit, par rapport à la lettre qui n'entre pas dans P, son coefficient, qui est le produit des coefficients des termes les plus élevés dans A'' et B'', devrait être divisible par P; ce qui est absurde, puisque ni l'un ni l'autre de ces derniers coefficients n'est divisible par P. — Donc il faut nécessairement que A ou B soit divisible par P.

En appliquant les démonstrations de l'arithmétique, on arrive, d'après ce théorème, aux conséquences suivantes.

COROLLAIRE I.

Toute quantité première algébrique divisant un produit de plusieurs facteurs divise nécessairement l'un d'eux.

COROLLAIRE II.

Toute quantité première algébrique qui divise une puissance entière et positive d'une quantité algébrique divise cette dernière.

COROLLAIRE III.

Si deux quantités sont premières entre elles, deux puissances entières et positives de ces quantités le sont aussi.

COROLLAIRE IV.

Lorsqu'une quantité algébrique est divisible par deux quantités algébriques premières entre elles, elle est divisible par leur produit.

COROLLAIRE V.

Toute fonction entière par rapport aux quantités littérales que l'on y considère n'est décomposable que d'une seule manière, en facteurs premiers entiers par rapport aux lettres considérées.

SCOLIE.

Il suit, des considérations précédentes, que si l'on prend une quantité algébrique

$$fx$$

entière par rapport à la lettre x du degré m, elle ne pourra avoir que m facteurs premiers au plus, puisqu'il faut qu'ils soient au moins du premier degré, et que la fonction doit être divisible par leur produit.

Nous démontrerons plus loin que toute fonction entière, telle que fx, admet un diviseur du premier degré, d'où il suivra qu'elle en admet autant qu'il y a d'unités dans son degré ; et que *les facteurs premiers*, fonctions d'une seule lettre, sont *du premier degré* par rapport à cette lettre.

Du plus grand commun diviseur.

Définition du plus grand commun diviseur en algèbre.

On entend par *plus grand commun diviseur* entre plusieurs quantités, en algèbre, le produit des facteurs premiers communs à toutes ces quantités, chacun d'eux élevé à la plus haute puissance à laquelle il entre à la fois dans les quantités données.

Les quantités algébriques que l'on considère sont toujours des quantités entières par rapport aux lettres que l'on considère.

Il suit, de la définition du plus grand commun diviseur algébrique, qu'il se composera généralement de facteurs numériques et de facteurs algébriques. La recherche des facteurs numériques se fera immédiatement par la méthode arithmétique. On pourra donc supprimer tous les facteurs numériques entrant dans les quantités données, après avoir mis en réserve les facteurs communs qui font partie du plus grand commun diviseur, ce qui simplifiera le calcul. La véritable recherche dont nous avons à nous occuper est celle des facteurs communs algébriques.

Recherche du plus grand commun diviseur lorsqu'on ne considère qu'une lettre.

Supposons d'abord que l'on ait à considérer deux quantités A et B ne contenant qu'une seule lettre ; comme pour les nombres on est conduit à diviser le polynôme le plus élevé par l'autre, car le plus grand commun diviseur ne saurait être d'un degré supérieur à ce dernier.

La recherche repose alors sur le principe suivant :

Si l'on divise le polynôme du plus haut degré par l'autre, le plus grand commun diviseur est le même que celui qui existe entre le diviseur et le reste de la division.

En effet, on a

$$A = B.Q + R.$$

Or, tout facteur premier algébrique divisant A et B, divise R, et réciproquement ; donc le plus grand commun diviseur entre A et B est le même qu'entre B et R.

En raisonnant sur B et R comme sur A et B, on obtiendra un nouveau reste R', que l'on prendra comme diviseur, et ainsi de suite jusqu'à ce qu'on arrive à un reste qui divise exactement le précédent. Ce dernier reste sera le plus grand commun diviseur cherché.

Dans ces opérations successives, la complication du calcul des coefficients numériques peut être assez grande pour les simplifier. On se débarrasse des dénominateurs en multipliant successivement les restes que l'on obtient par les facteurs nécessaires. Il est évident que ces multiplications n'altèrent pas le plus grand commun diviseur, puisqu'il ne contient plus de facteurs numériques.

Si l'on avait à chercher le plus grand commun diviseur entre plusieurs quantités fonctions d'une seule lettre, on opérerait comme en arithmétique ; on chercherait le plus grand commun diviseur entre les deux premières, puis le plus grand commun diviseur entre le premier plus grand commun diviseur trouvé et la troisième, et ainsi de suite.

Recherche du plus grand commun diviseur dans le cas où l'on considère deux lettres.

Supposons maintenant que l'on ait à chercher le plus grand commun diviseur entre deux quantités contenant deux lettres, x et y par exemple.

Soit M la première des deux quantités, N la seconde, le plus grand commun diviseur pourra se composer de facteurs numériques, de facteurs en x, de facteurs en y, et de facteurs en x et y.

Cherchons les facteurs numériques communs à tous les termes de M, appelons leur produit δ, ordonnons le quotient par rapport à x, cherchons le plus grand commun diviseur entre les coefficients qui sont en y seulement, appelons δ_y le commun diviseur, enfin ordonnons le quotient du polynôme par δ_y, par rapport à y, et cherchons le plus grand commun diviseur entre ses coefficients;

appelons-le δ_x. En représentant le dernier quotient par A, on aura

$$M = \delta . \delta_y . \delta_x . A;$$

et faisant la même décomposition sur N, on aura

$$N = \delta' . \delta'_y . \delta'_x . B.$$

Pour avoir le plus grand commun diviseur, il faudra chercher le plus grand commun diviseur entre δ et δ', puis entre δ_x et δ'_x, puis entre δ_y et δ'_y, opérations que l'on sait faire, et enfin le plus grand commun diviseur entre A et B. Si on désigne par d, d_x, d_y, D, les quatre plus grands communs diviseurs, on aura le plus grand commun diviseur cherché, qui sera

$$\Delta = d . d_x . d_y . D.$$

Il nous reste à voir comment on parviendra à la détermination de D.

Pour cela, on ordonnera les deux polynômes A et B par rapport à une même lettre x, et on opérera comme précédemment, en introduisant les facteurs nécessaires, fonctions de y, pour que cette dernière lettre ne s'introduise pas en dénominateur. Comme le diviseur que l'on cherche est en x et y, ces opérations ne sauraient l'altérer.

Si le nombre des polynômes était supérieur à deux, on opérerait comme dans le cas précédent.

Lorsque dans le courant de l'opération précédente on aperçoit dans les différents restes successifs un facteur fonction de y commun à tous les termes, on peut le supprimer : ce qui simplifie l'opération.

Recherche du plus grand commun diviseur dans un cas quelconque.

Enfin si le nombre des lettres était supérieur à deux, on opérerait tout à fait d'une manière analogue, en procédant par une décomposition semblable à celle qui a été faite dans le cas où il n'entre que deux lettres.

Nous terminerons ces considérations en donnant deux exemples de recherche du plus grand commun diviseur. La disposition des calculs est celle que l'on devra adopter.

Exemple I.

Chercher le plus grand commun diviseur entre les deux polynômes

$$\begin{aligned} A &= x^5 - 3x^4 + 2x^3 - x^2 + 3x - 2, \\ B &= x^4 - 5x^3 + 10x^2 - 10x + 4. \end{aligned}$$

Première opération.

$$\begin{array}{r|l} x^5 - 3x^4 + 2x^3 - x^2 + 3x - 2 & x^4 - 5x^3 + 10x^2 - 10x + 4 \\ \cline{2-2} -x^5 + 5x^4 - 10x^3 + 10x^2 - 4x & x + 2 \\ \cline{1-1} +2x^4 - 8x^3 + 9x^2 - x - 2 & \\ -2x^4 + 10x^3 - 20x^3 + 20x - 8 & \\ \cline{1-1} +2x^3 - 11x^2 + 19x - 10 & \end{array}$$

Deuxième opération.

$$\begin{array}{r|l} x^4 - 5x^3 + 10x^2 - 10x + 4 & 2x^3 - 11x^2 + 19x - 10 \\ \cline{2-2} 2x^4 - 10x^3 + 20x^2 - 20x + 8 & x + 1 \\ -2x^4 + 11x^3 - 19x^2 + 10x & \\ \cline{1-1} + x^3 + x^2 - 10x + 8 & \\ +2x^3 + 2x^2 - 20x + 16 & \\ -2x^3 + 11x^2 - 19x + 10 & \\ \cline{1-1} +13x^2 - 39x + 26 & = 13(x^2 - 3x + 2) \end{array}$$

Troisième opération.

$$\begin{array}{r|l} 2x^3 - 11x^2 + 19x - 10 & x^2 - 3x + 2 \\ \cline{2-2} -2x^3 + 6x^2 - 4x & 2x - 5 \\ \cline{1-1} -5x^2 + 15x - 10 & \\ +5x^2 - 15x + 10 & \\ \cline{1-1} 0 & \end{array}$$

Le plus grand commun diviseur est donc $x^2 - 3x + 2$.

Exemple II.

Chercher le plus grand commun diviseur entre les deux polynômes

$$\begin{aligned} A &= x^5 + x^3 - 2y^3x^2 - 3y^4x - yx - y^5 - y^2 \\ B &= x^3 - 2y^2x - y^3. \end{aligned}$$

Il est aisé de voir que ces deux polynômes ne peuvent avoir des facteurs communs qu'en x et y; il n'y a donc pas lieu de faire des simplifications avant d'effectuer l'opération.

Ordonnant par rapport à x, il vient :

Première opération.

$$\begin{array}{l|l}
x^5 + (1 - 2y^3)x^2 - (y + 3y^4)x - y^5 - y & x^3 - 2y^2.x - y^3 \\
\cline{2-2}
-x^5 + 2y^2.x^3 + y^3.x^2 & x^2 + 2y^2 \\
\cline{1-1}
+ 2y^2.x^3 + (1 - y^3)x^2 & \\
- 2y^2.x^3 \qquad\qquad + 4y^4.x + 2y^5 & \\
\cline{1-1}
\end{array}$$

$$+(1 - y^3)^2 - (y - y^4)x - y + y^5 = (1 - y^3)(x^2 - yx - y^2)$$

Supprimant le facteur $1 - y^3$, il vient

Deuxième opération.

$$\begin{array}{r|l}
x^3 \qquad\qquad - 2y^2x - y^3 & x^2 - yx - y^2 \\
\cline{2-2}
-x^3 + y.x^2 + y^2.x & x + y \\
\cline{1-1}
+ y.x^2 - y^2.x & \\
-y.x^2 + y^2.x + y^3 & \\
\cline{1-1}
0 &
\end{array}$$

Le plus grand commun diviseur est donc $x^2 - y.x - y^2$.

APPENDICE DU LIVRE IV.

Note sur les approximations. — Séries.

1. Nous avons vu précédemment que l'on pouvait généralement exprimer une quantité arithmétique en fraction continue, et, par suite, calculer la valeur de telle quantité, à telle approximation qu'on voudrait : les quantités qui approchent de plus en plus de la valeur de l'expression sont, comme on le sait, les réduites successives ; on peut en déduire aisément une nouvelle expression de la quantité composée d'une suite de termes décroissants. Développement d'une quantité numérique en une suite de termes décroissants.

Soit pour cela la quantité

$$N = a + \cfrac{1}{b + \cfrac{1}{c + \cfrac{1}{d + \text{etc}\ldots}}}$$

Appelons, $\frac{a}{1}$, $\frac{B}{b}$, $\frac{C}{C'}$, $\frac{D}{D'}$, etc... les réduites successives ; on aura d'après ce qu'on a vu,

$$\frac{B}{b} - \frac{a}{1} = \frac{1}{b}, \qquad \frac{C}{C'} - \frac{B}{b} = -\frac{1}{C'.b}, \qquad \frac{D}{D'} - \frac{C}{C'} = \frac{1}{C'.D'}, \qquad \text{etc}\ldots$$

Par conséquent on aura,

$$\frac{B}{b} = a + \frac{1}{b}$$

$$\frac{C}{C'} = \frac{B}{b} - \frac{1}{C'.b} = a + \frac{1}{b} - \frac{1}{b.C'}$$

$$\frac{D}{D'} = \frac{C}{C'} + \frac{1}{C'.D'} = a + \frac{1}{b} - \frac{1}{b.C'} + \frac{1}{C'.D}$$

et ainsi de suite.

Par conséquent on pourra écrire

$$N = a + \frac{1}{b} - \frac{1}{b.C'} + \frac{1}{C'.D'} - \frac{1}{D'.E'} + \text{etc}\ldots$$

Cette série de termes remplace la fraction continue ; et comme chaque terme correspond à la réduite de même rang, la valeur de la quantité N se trouve comprise successivement entre le premier terme et la somme des deux premiers, entre la somme des deux premiers et des trois premiers, et ainsi de suite ; et l'erreur que l'on commet est toujours moindre que le terme qui suit celui auquel on s'arrête.

Soit, par exemple, la fraction continue

$$x = 3 + \cfrac{1}{7 + \cfrac{1}{15 + \cfrac{1}{1 + \cfrac{1}{292 + \cfrac{1}{1 + \cfrac{1}{1 + \cfrac{1}{1 + \cfrac{1}{2 + \text{etc...}}}}}}}}}$$

Les dénominateurs des réduites successives seront

$$1, \quad 7, \quad 106, \quad 113, \quad 33102, \quad 33215, \quad \text{etc...}$$

Et par conséquent on aura

$$x = 3 + \frac{1}{7} - \frac{1}{113} - \frac{1}{33102} + \frac{1}{33215} - \text{etc...}$$

2. On peut, en employant des quotients incomplets, négatifs, obtenir encore des expressions et des valeurs numériques à calculer, plus convergentes ; en effet, on a, comme nous l'avons vu précédemment,

$$a - \frac{1}{t} = a - 1 + \cfrac{1}{1 + \cfrac{1}{t - 1}},$$

ou, ce qui revient au même,

$$a + 1 - \frac{1}{t + 1} = a + \cfrac{1}{1 + \cfrac{1}{t}}.$$

Donc on pourra diminuer le nombre des quotients incomplets en les augmentant numériquement; donc, etc...

Par exemple, la fraction

$$x = 3 + \cfrac{1}{7 + \cfrac{1}{15 + \cfrac{1}{1 + \cfrac{1}{292 + \cfrac{1}{1 + \cfrac{1}{1 + \cfrac{1}{1 + \cfrac{1}{2}}}}}}}} = 3 + \cfrac{1}{7 + \cfrac{1}{16 - \cfrac{1}{293 + \cfrac{1}{1 + \cfrac{1}{1 + \cfrac{1}{1 + \cfrac{1}{2}}}}}}} = 3 + \cfrac{1}{7 + \cfrac{1}{16 + \cfrac{1}{294 + \cfrac{1}{3 - \cfrac{1}{3}}}}}$$

Ce qui donne, en prenant les quotients incomplets négatifs,

$$x = 3 + \cfrac{1}{7 + \cfrac{1}{16 + \cfrac{1}{-294 + \cfrac{1}{3 + \cfrac{1}{-3 + \text{etc...}}}}}}$$

Les dénominateurs des réduites seront alors

$$1, \quad 7, \quad 113, \quad 33215, \quad 99532, \quad \text{etc...}$$

Ce qui conduit à la série

$$x = 3 + \frac{1}{7} - \frac{1}{791} - \frac{1}{3753295} - \text{etc}\ldots$$

3. On voit, d'après ce qui précède, qu'il serait très-utile pour le calcul de pouvoir développer une expression numérique en une suite de termes se formant suivant une loi constante, et dont la somme algébrique des termes, à partir du premier, s'approcherait de plus en plus de la valeur de l'expression numérique à calculer, lorsqu'on prendrait un nombre de termes de plus en plus grand. Séries.

En général, une suite de termes se formant respectivement d'après une loi constante, porte le nom de *série*.

Toutes les fois qu'une quantité peut se remplacer par une suite de termes limités, on dit que la *série* est limitée, et que la quantité exprime la somme de la *série*. Si la *série* est *illimitée*, ce qui correspond à l'acception la plus ordinaire du mot *série*, lorsqu'en prenant, à partir du commencement de la série, des sommes partielles, composées d'un nombre de termes de plus en plus grand, on obtient des nombres qui s'approchent de plus en plus d'une certaine quantité, on dit que la *série* est *convergente*; si le contraire a lieu, on dit que la *série* est *divergente*.

Une série n'a d'utilité numérique qu'autant qu'elle est *convergente*. La limite vers laquelle tend la somme d'un nombre limité de termes d'une série convergente, lorsque le nombre des termes considérés augmente de plus en plus, est ce qu'on appelle la *somme* de la série; la recherche de cette quantité porte le nom de *sommation* de la *série*.

Ces notions étant posées, nous allons nous occuper des règles les plus simples, au moyen desquelles on peut reconnaître la *convergence* des *séries*, et des *séries convergentes* les plus utiles.

Moyens élémentaires de reconnaître la convergence des séries.

4. Soit une série Comment on doit chercher à reconnaître la convergence d'une série.

$$\Sigma = t_1 + t_2 + t_3 + \text{etc}\ldots$$

En représentant la somme de ses n premiers termes par S_n, et par E la somme des autres termes, on aura

$$\Sigma = s_n + \mathrm{E}.$$

La série mise sous cette forme montre qu'il sera nécessaire et suffisant, pour qu'elle soit convergente, que le reste E converge vers zéro, pour des valeurs de plus en plus grandes de n. Il faut bien penser que le reste E n'a besoin de converger vers zéro qu'à partir d'une valeur suffisamment grande de n; la série sera divergente si le contraire a lieu, c'est-à-dire si E peut devenir plus grand que toute quantité donnée.

Des séries ne contenant que des termes positifs.

5. Lorsque tous les termes d'une série sont positifs, pour qu'elle puisse être convergente, il faut que les termes aillent en décroissant; mais cela n'est pas suffisant. Par exemple, la série suivante, dont tous les termes vont en décroissant, est divergente :

$$\Sigma = 1 + \frac{1}{2} + \frac{1}{3} + \frac{1}{4} + \text{etc...}$$

En effet,

$$(1) \quad \Sigma = s_n + E,$$

en posant

$$E = \frac{1}{n+1} + \frac{1}{n+2} + \ldots + \frac{1}{2n} + \text{etc...}$$

Or,

$$\frac{1}{n+1} + \frac{1}{n+2} + \text{etc...} + \frac{1}{2n} > \frac{1}{2n} + \frac{1}{2n} + \ldots = \frac{n}{2n} = \frac{1}{2}.$$

Donc,

$$(2) \quad E > \frac{1}{2} + E',$$

en posant

$$E' = \frac{1}{2n+1} + \text{etc...}$$

Par suite, en raisonnant sur E' comme sur E, on aurait

$$(3) \quad E' > \frac{1}{2} + E'';$$

et ainsi de suite. On aura donc, en ajoutant les quantités (1), (2), (3), etc...

$$\Sigma > s_n + p.\frac{1}{2} + E^{(p)}.$$

Et comme p peut être aussi grand qu'on veut, Σ dépassera toute limite assignable; donc la série considérée sera divergente.

Moyen de reconnaître si une série est convergente.

6. Une série est convergente lorsque les termes de cette série sont respectivement moindres que les termes correspondants d'une série que l'on sait être convergente.

En effet, si on représente cette série par

$$\Sigma = s_n + E,$$

et la série que l'on sait être convergente par

$$\Sigma' = s'_n + E',$$

d'après l'hypothèse on aura

$$s_n < s'_n \qquad E < E'.$$

Or E' converge vers zéro, donc E convergera aussi par zero; donc, etc...

On sait qu'une progression géométrique décroissante, prolongée à l'infini, forme une série convergente; donc *toutes les fois que les termes d'une série seront respectivement moindres que les termes d'une progression géométrique décroissante, la série sera convergente.* Par exemple, la série

$$\Sigma = \frac{1}{a} + \frac{1}{a(a+b)} + \frac{1}{a(a+b)(a+2b)} + \text{etc}\ldots$$

a et b étant deux nombres entiers, est convergente; car on a

$$\frac{1}{a} = \frac{1}{a}, \qquad \frac{1}{a(a+b)} < \frac{1}{a^2}, \qquad \frac{1}{a(a+b)(a+2b)} < \frac{1}{a^3}, \text{ etc}\ldots$$

et par suite

$$\Sigma < \frac{1}{a} + \frac{1}{a^2} + \frac{1}{a^3} + \text{etc}\ldots = \frac{1}{a-1}.$$

Il est clair que la comparaison peut se faire à partir d'un terme quelconque de la série.

7. Lorsque le rapport d'un terme à celui qui le précède dans une série converge vers une limite plus petite que l'unité, la série est convergente.

En effet, le rapport entre deux termes consécutifs, suffisamment éloignés dans la série, sera plus petit que l'unité, tout en étant plus grand que la limite vers laquelle ce rapport converge; à partir de ces termes, si on considère une progression géométrique décroissante, dont la raison serait ce rapport, chaque terme de cette progression sera plus grand que le terme correspondant dans la série, puisque, dans cette série, le rapport entre deux termes va toujours en décroissant; donc, etc...

Soit, par exemple, la série que nous venons de considérer,

$$\frac{1}{a} + \frac{1}{a(a+b)} + \ldots + \frac{1}{a(a+b)\ldots(a+nb)} + \frac{1}{a(a+b)\ldots[a+(n+1)b]} + \text{etc}\ldots$$

On aura

$$\frac{t_{n-1}}{t_n} = \frac{1}{a+nb}.$$

Or, cette quantité est plus petite que 1, et converge vers zéro, si n est infini; donc la série est convergente.

8. Enfin, une série décroissante, dont les termes sont alternativement positifs et négatifs, est convergente, et l'erreur que l'on commet en s'arrêtant à un certain terme, est toujours moindre que le terme qui suit celui auquel on s'est arrêté. Séries dont les termes sont alternativement positifs et négatifs.

En effet, soit la série

$$\Sigma = t_1 - t_2 + t_3 - t_4 + \text{etc}\ldots$$

En supposant

$$t_1 > t_2 > t_3 > t_4 + \text{etc}\ldots$$

on peut écrire

$$\Sigma = (t_1 - t_2) + (t_3 - t_4) + (t_4 - t_5) + \text{etc.}\ldots$$
$$= t_1 - (t_2 - t_3) - (t_4 - t_5) - \text{etc.}\ldots$$

Ce qui montre que si on s'arrête à un terme de rang pair, on a un résultat trop petit; mais en s'arrêtant à un terme de rang impair on aura un résultat trop grand; c'est-à-dire que la valeur de la série est toujours comprise entre deux sommes consécutives, et comme ces deux sommes ne diffèrent que par un terme, qui va sans cesse en décroissant jusqu'à la limite zéro, la série sera convergente, et l'erreur sera moindre que le terme devant lequel on s'est arrêté.

Ainsi la série

$$1 - \frac{1}{2} + \frac{1}{4} - \frac{1}{5} + \frac{1}{7} - \frac{1}{9} + \text{etc.}\ldots$$

est convergente; si on prend les cinq premiers termes, on aura une valeur trop grande, et l'erreur sera moindre que $\frac{1}{9}$.

Principe général du développement d'une fonction en série.

9. Il arrive souvent dans l'analyse que l'on remplace des fonctions d'une ou de plusieurs variables par des séries dont les termes soient des fonctions de ces variables; mais alors il faut que la série puisse représenter toutes les valeurs de la fonction pour des valeurs quelconques des variables, c'est-à-dire, donner les valeurs de la fonction à une approximation aussi grande que l'on voudra; dans le cas où les variables sont assujetties à ne pas dépasser certaines limites pour satisfaire à cette condition, la série ne représente la fonction que pour des valeurs comprises entre ces limites.

Cela posé, pour développer une fonction quelconque en série, on cherchera une expression de la forme

$$t_1 + t_2 + \ldots + t_n,$$

$t_1, t_2 \ldots t_n$ étant des fonctions des variables, se formant d'après une loi constante, et pouvant se prolonger aussi loin qu'on le voudra, telle que sa différence E avec la fonction donnée, que je représenterai par φ, converge vers zéro lorsque n augmente de plus en plus.

De sorte que si

$$(1) \quad \varphi - (t_1 + t_2 + \ldots + t_n) = \mathrm{E}, \quad \text{limite } \mathrm{E} = 0, \quad \text{lorsque } n = \infty.$$

La fonction pourra se remplacer par la série

$$\varphi = t_1 + t_2 + t_3 + \ldots + t_n + t_{n+1} + \text{etc.}\ldots$$

Réciproquement, une série convergente étant donnée, pour trouver la fonction qui peut la représenter, il faut déterminer une fonction φ telle, que la différence (1) converge vers zéro, plus on prend de termes dans la série.

Prenons, par exemple, la fonction

$$\frac{1}{1-ax}.$$

En effectuant la division, on a :

$$\begin{array}{l|l} 1 & 1 - ax \\ \cline{2-2} -1 + ax & 1 + ax + a^2x^2 \ldots + a^{n-1}x^{n-1} \\ \quad - ax + a^2x^2 & \\ \qquad - a^2x^2 + a^3x^3 & \\ \qquad\quad \vdots \qquad \vdots & \\ \qquad\qquad\qquad + a^nx^n. & \end{array}$$

Donc

$$\frac{1}{1-ax} = 1 + ax + a^2x^2 + \ldots + a^{n-1}x^{n-1} + \frac{a^nx^n}{1-ax}.$$

On a donc ici

$$E = \frac{a^nx^n}{1-ax} = \frac{1}{1-ax}\cdot(ax)^n.$$

Donc la série pourra représenter la fonction toutes les fois que

$$ax < 1.$$

Ces notions élémentaires étant posées, nous allons nous occuper du développement de quelques fonctions simples en *séries*, et en déduire des *séries* dont les sommes convergent vers des quantités remarquables.

Démonstration de la formule du binôme de Newton dans le cas d'un exposant quelconque.

10. Nous avons démontré dans le livre II, que l'on avait

$$(x+a)^m = x^m + max^{m-1} + \frac{m(m-1)}{1.2}a^2x^{m-2} + \ldots + a^m,$$

m étant une quantité entière et positive.

Si l'on divise les deux membres de cette égalité par x^m, il vient

$$\left(1+\frac{a}{x}\right)^m = 1 + m\left(\frac{a}{x}\right) + \frac{m(m-1)}{1.2}\left(\frac{a}{x}\right)^2 + \text{etc}\ldots + \left(\frac{a}{x}\right)^m$$

D'où, en posant $\left(\frac{a}{x}\right) = z$,

$$(1+z)^m = 1 + mz + \frac{m(m-1)}{1.2}z^2 + \text{etc}\ldots + z^m.$$

Pour étendre cette formule à un cas quelconque, il est à remarquer que, si on suit la même loi de formation, dans le cas d'un exposant autre, la suite des termes qui composent le deuxième membre est illimitée. On formera donc une série qui pourra être convergente ou divergente; dans le cas où elle sera convergente, nous allons prouver qu'elle a pour somme

$$(1+z)^m.$$

Pour cela posons

$$(1)\ f(m) = 1 + m.z + \frac{m(m-1)}{1.2}z^2 + \frac{m(m+1)(m-2)}{1.2.3}z^3 + \ldots \frac{m(m-1)\ldots(m-p+1)}{1.2.3\ldots p}z^p + \text{etc}\ldots$$

Cette série sera convergente toutes les fois que le rapport entre deux termes consécutifs convergera vers une limite plus petite que l'unité; c'est-à-dire, toutes les fois que l'on aura

$$\lim.\frac{m-p+1}{p}.z<1.$$

Or, quelle que soit la valeur de m, lorsque p augmente indéfiniment, le premier facteur converge vers la limite -1; donc la série sera convergente toutes les fois que z sera numériquement plus petit que 1; la série aura donc une somme: proposons-nous d'en déterminer la forme.

Pour y arriver, changeons m en n dans l'égalité (1), on aura

$$(2)\quad f(n)=1+n.z+\frac{n(n-1)}{1.2}z^2+\ldots+\frac{n(n-1)\ldots(n-p+1)}{1.2.3\ldots p}z^p+\text{etc}\ldots$$

et faisant le produit de (1) et (2), on aura

$$f(m).f(n)=1+\left.\begin{array}{l}m\\+n\end{array}\right|z+\left.\begin{array}{l}\frac{m(m-1)}{1.2}\\+m.n\\+\frac{n(n-1)}{1.2}\end{array}\right|z^2+\ldots+\left.\begin{array}{l}\frac{m(m-1)\ldots(m-p+1)}{1.2.3\ldots p}\\+n.\frac{m(m-1)\ldots(m-p+3)}{1.2.3\ldots p-1}\\+\frac{n(n-1)}{1.2}.\frac{m(m-1)\ldots(m-p+3)}{1.2.3\ldots(p-1)}\\\vdots\qquad\vdots\qquad\vdots\\+\frac{n(n-1)\ldots(n-p+2)}{1.2\ldots p-1}.m\\+\frac{n(n-1)\ldots(n-p+1)}{1.2.3\ldots p}.\end{array}\right|z^p+\text{etc}\ldots$$

Mais si m et n étaient entiers et positifs, on aurait

$$f(m)=(1+z)^m,\quad f(n)=(1+z)^n,\quad f(m).f(n)=(1+z)^{m+n}=f(m+n).$$

Le coefficient de z^p serait donc aussi

$$\frac{(m+n)\,(m+n-1)\ldots(m+n-p+1)}{1.2.3\ldots p};$$

par conséquent on aurait

$$(3)\quad \frac{(m+n)\,(m+n-1)\ldots(m+n-p+1)}{1.2.3\ldots p}=\frac{m(m-1)\ldots(m-p+1)}{1.2.3\ldots p}$$
$$+n.\frac{m(m-1)\ldots(m-p+1)}{1.2.3\ldots p-1}+\frac{n(n-1)}{1.2}.\frac{m(m-1)\ldots(m-p+3)}{1.2.3\ldots p-2}+\text{etc}\ldots$$

Or, supposons pour un instant l'égalité précédente vraie, quelles que soient les valeurs de m et de n, on aura alors

$$(4)\quad f(m).f(n)=f(m+n);$$

d'où

$$f(m).f(n).f(p)\ldots=f(m+n+p+\ldots);$$

et en posant $m = n = p =$ etc...

$$f(m)^k = f(mk),$$

k étant un nombre entier et positif.

Cela posé, si on fait $m = \frac{h}{k}$, h étant entier et positif, on aura

$$f\left(\frac{h}{k}\right)^k = f(h) = (1 + z)^h;$$

d'où

$$f\left(\frac{h}{k}\right) = (1 + z)^{\frac{h}{k}}.$$

La démonstration est donc faite lorsque m est quelconque mais *positif*. Pour l'étendre au cas d'un exposant *négatif* quelconque, remarquons que si on change dans l'égalité (4) m en $-m$, on a :

$$f(-m).f(n) = f(n - m);$$

d'où

$$f(-m) = \frac{f(n - m)}{f(n)}.$$

Or, on peut toujours supposer $n-m$, et n positifs ; on aura donc

$$f(-m) = \frac{(1+z)^{n-m}}{(1+z)^n} = (1+z)^{-m};$$

donc, etc...

Il nous reste donc à généraliser l'égalité (3), pour des valeurs de m et de n, *fractionnaires positives* ou *négatives*.

Posons pour cela

$$m = \frac{a}{d}, \qquad n = \frac{b}{d},$$

a et b ayant des signes quelconques, mais d étant positif ; l'égalité (3) deviendra, en multipliant de part et d'autre par d^p,

$$(5) \quad \frac{(a+b)(a+b-d)(a+b-2d)\ldots(a+b-(p-1)d)}{1.2.3\ldots p}$$
$$= \frac{a(a-d)\ldots(a-(p-1)d)}{1.2.3\ldots p} + b\,\frac{a(a-d)\ldots(a-(p-1)d)}{1.2.3\ldots p-1} + \text{etc}\ldots$$

Il s'agit donc de démontrer qu'elle est vraie.

Or, si on multiplie $a+b$ par $\frac{a+b-d}{2}$, en regardant successivement le numérateur du second facteur comme $(a-d)+b$, et $a+(b-d)$, on a

$$\frac{(a+b)(a+b-d)}{1.2} = \frac{a(a-d)}{2} + \frac{b(b-d)}{2}.$$

Multiplïant maintenant par $\frac{a+b-2d}{3}$, en regardant le numérateur successivement comme $(a-2d)+b$, $(a-d)+(b-d)$, $a+(b-2d)$, il vient

$$\frac{(a+b)(a+b-d)(a+b-2d)}{1.2.3} = \frac{a(a-d)(a-2d)}{1.2.3} + \left.\begin{matrix}\frac{b}{3} \\ +\frac{2b}{3}\end{matrix}\right| \frac{a(a-d)}{2} + \left.\begin{matrix}\frac{a}{3} \\ +\frac{2a}{3}\end{matrix}\right| \frac{b(b-d)}{2} + \frac{b(b-d)(b-2d)}{1.2.3}$$

$$= \frac{a(a-d)(a-2d)}{1.2.3} + \frac{b.a(a-d)}{2} + a\frac{b(b-d)}{2} + \frac{b(b-d)(b-2d)}{1.2.3},$$

et ainsi de suite; par conséquent les deux quantités (5) sont égales; donc l'égalité (3) est vraie pour des quantités quelconques positives ou négatives, puisqu'on n'a fait aucune hypothèse sur les signes de a et de b.

La formule du binôme étant démontrée pour $(1+z)^m$, z étant plus petit que 1, si on remplace z par $\frac{a}{x}$, x étant plus grand que a, on aura :

$$\left(1+\frac{a}{x}\right)^m = \frac{(x+a)^m}{x^m} = 1 + m\cdot\frac{a}{x} + \frac{m(m-1)}{1.2}\cdot\frac{a^2}{x^2} + \text{etc}\ldots$$

d'où on tire

$$(x+a)^m = x^m + max^{m-1} + \frac{m(m-1)}{1.2}a^2x^{m-2} + \text{etc}\ldots$$

On voit qu'on ne pourrait pas développer $(x+a)^m$ par rapport aux puissances croissantes de la plus grande des deux quantités.

On peut alors se servir de cette formule pour calculer les racines avec une certaine approximation, par exemple :

$$\sqrt[4]{17} = \sqrt[4]{1+16} = 16^{\frac{1}{4}}\left(1 + \frac{1}{4}\cdot\frac{1}{16} + \frac{\frac{1}{4}\left(\frac{1}{4}-1\right)}{1.2}\cdot\frac{1}{16^2} + \frac{\frac{1}{4}\left(\frac{1}{4}-1\right)\left(\frac{1}{4}-2\right)}{1.2.3}\frac{1}{16^3} + \text{etc}\ldots\right)$$

$$= 2\left(1 + \frac{1}{64} + \frac{(1-4)}{2}\cdot\frac{1}{(64)^2} + \frac{(1-4)(1-8)}{1.2.3}\cdot\frac{1}{(64)^3} + \text{etc}\ldots\right)$$

$$= 2\left(1 + \frac{1}{64} - \frac{3}{2}\cdot\frac{1}{(64)^2} + \frac{3.7}{2.3}\cdot\frac{1}{(64)^3} - \text{etc}\ldots\right),$$

série très-convergente.

Séries exponentielles.

11. On peut, au moyen du binôme démontré, dans le cas d'un exposant quelconque, arriver facilement à développer les fonctions a^x, et $\log x$ en séries.

En effet, pour la première on a vu que

$$\lim\,(1+\alpha)^{\frac{1}{\alpha}} = e, \qquad \alpha < 1;$$

donc

$$\lim\,(1+\alpha x)^{\frac{1}{\alpha x}} = e,$$

x étant une quantité quelconque; car α décroissant indéfiniment jusqu'à zéro, αx devient nécessairement plus petit que l'unité.

Par suite, en élevant de part et d'autre à la puissance x, on aura :

$$e^x = \lim (1 + \alpha x)^{\frac{1}{\alpha}}.$$

Mais

$$(1 + \alpha x)^{\frac{1}{\alpha}} = 1 + \frac{1}{\alpha} \cdot \alpha x + \frac{\frac{1}{\alpha}\left(\frac{1}{\alpha} - 1\right)}{1.2} \cdot \alpha^2 x^2 + \text{etc}\ldots$$

$$= 1 + x + \frac{(1-\alpha)}{1.2} x^2 + \frac{(1-\alpha)(1-2\alpha)}{1.2.3} x^3 + \text{etc}\ldots$$

Or, si on suppose que d décroisse et tende vers zéro, on obtiendra une suite de séries convergentes qui tendront vers la série limite correspondante à $\alpha = 0$; on aura donc :

$$e^x = 1 + \frac{x}{1} + \frac{x^2}{1.2} + \frac{x^3}{1.2.3} + \text{etc}\ldots$$

Maintenant on a

$$a^x = e^{xla} = 1 + \frac{xla}{1} + \frac{x^2l^2a}{1.2} + \frac{x^3l^3a}{1.2.3} + \text{etc}\ldots$$

Réciproquement, on peut démontrer que la série

$$\varphi(x) = 1 + \frac{x}{1} + \frac{x^2}{1.2} + \text{etc}\ldots$$

a pour somme la fonction e^x, en faisant voir que $\varphi(x).\varphi(y) = \varphi(x+y)$.

12. Il suit des deux numéros précédents que l'on a

$$(1+x)^m = e^{ml(1+x)} = 1 + ml(1+x) + m^2 \frac{l^2(+x)}{1.2} + \ldots$$

donc

$$\frac{(1+x)^m - 1}{m} = l(1+x) + m\frac{l^2(1+x)}{1.2} + \text{etc}\ldots$$

expression qui se réduira à $l(1+x)$, lorsque m deviendra zéro.

Or,

$$\frac{(1+x)^m - 1}{m} = \frac{x}{1} + \frac{m-1}{2} x^2 + \frac{(m-1)(m-2)}{2.3} x^3 + \text{etc}\ldots$$

donc

$$\lim \frac{(1+x)^m - 1}{m} = \frac{x}{1} + \frac{x^2}{2} + \frac{x^3}{3} - \frac{x^4}{4} + \ldots$$

d'où, enfin,

$$l(1+x) = \frac{x}{1} - \frac{x^2}{2} + \frac{x^3}{3} - \frac{x^4}{4} + \ldots$$

On peut déduire de cette série un moyen de calculer la différence des logarithmes de deux nombres consécutifs; en effet, en posant $x = \frac{1}{y}$, on a:

Calcul des logarithmes par les séries.

$$l(1+x)=l\left(1+\frac{1}{y}\right)=l\frac{(1+y)}{y}=l(1+y)-ly=\frac{1}{y}-\frac{1}{2y^2}+\frac{1}{3y^3}-\text{etc}\ldots$$

série qui sera d'autant plus convergente que y sera grand.

Mais on peut en obtenir une beaucoup plus convergente de la manière suivante :

$$l(1+x)=\frac{x}{2}-\frac{x^2}{2}+\frac{x^3}{3}+\text{etc}\ldots$$

$$l(1-x)=-\frac{x}{1}-\frac{x^2}{2}-\frac{x^3}{3}+\text{etc}\ldots$$

d'où en retranchant

$$l\left(\frac{1+x}{1-x}\right)=2\left(x+\frac{x^3}{3}+\frac{x^5}{5}-\text{etc}\ldots\right)$$

x étant plus petit que 1, posons

$$\frac{1+x}{1-x}=1+\frac{1}{z}, \quad \text{d'où } x=\frac{1}{1+2z};$$

et en remplaçant, il vient

$$l\left(1+\frac{1}{z}\right)=l(z+1)-l(z)=2\left(\frac{1}{1+2z}+\frac{1}{3(1+2z)^3}+\frac{1}{5(1+2z)^5}+\text{etc}\ldots\right).$$

Les considérations précédentes s'appliquent au système *népérien*; il suffirait, pour avoir les logarithmes dans une base quelconque, de multiplier les logarithmes *népériens* par le *module* de transformation correspondant.

Développement du sinus et du cosinus d'un arc en fonction de cet arc.

13. Si dans le développement

$$(x+a)^m=x^m+max^{m-1}+\frac{m(m-1)}{1.2}a^2x^{m-2}+\text{etc}\ldots$$

on remplace x par $\cos a$ et a par $\sqrt{-1}\sin a$, on a :

$$(\cos a+\sqrt{-1}\sin a)^m=\cos ma+\sqrt{-1}\sin ma(^*)=\cos^m a+m.\cos^{m-1}a\sin.a.\sqrt{-1}\,\frac{m(m-1)}{1.2}\cos^{m-2}a.\sin^2 a-\text{etc}\ldots$$

d'où on tire

$$\cos ma=\cos^m a-\frac{m(m-1)}{1.2}\cos^{m-2}a.\sin a+\text{etc}\ldots=\cos^m a\left(1-\frac{m(m-1)}{1.2}\tan^2 a+\text{etc}\ldots\right)$$

$$\sin ma=m.\cos^{m-1}a.\sin a-\frac{m(m-1)(m-2)}{1.2.3}\cos^{m-3}a.\sin^3 a+\text{etc}.\ .=\cos^m a(m\tan a-\text{etc}\ldots).$$

Par suite, en posant... $m=\frac{x}{a}$

$$\cos x=\cos^{\frac{x}{a}}a\left[1-\frac{\frac{x}{a}\left(\frac{x}{a}-1\right)}{1.2}\tan^2 a+\text{etc}\ldots\right]$$

$$\sin x=\cos^{\frac{x}{a}}a\left(\frac{x}{a}\tan a-\frac{\frac{x}{a}\left(\frac{x}{a}-1\right)\left(\frac{x}{a}-2\right)}{1.2.3}\tan^3 a+\text{etc}\ldots\right).$$

(*) Voir livre V.

Mais ces expressions peuvent s'écrire :

$$(1)\quad \cos x = \cos^{\frac{x}{a}} a\left(1 - \frac{x(x-a)}{1.2}\cdot\left(\frac{\tang a}{a}\right)^2 + \text{etc}\ldots\right)$$

$$(2)\quad \sin x = \sin^{\frac{x}{a}} a\left(x.\left(\frac{\tang a}{a}\right) - \frac{x(x-a)(x-2a)}{1.2.3}\left(\frac{\tang a}{a}\right)^3 + \text{etc}\ldots\right)$$

Or, si on suppose $a=o$, on aura

$$\lim\left(\cos^{\frac{x}{a}} a\right) = 1 \quad \text{et} \quad \lim\left(\frac{\tang a}{a}\right) = 1.$$

La seconde limite est donnée en trigonométrie; pour la première on a

$$\cos^{\frac{x}{a}} a = \left(\frac{1}{\sqrt{1+\tang^2 a}}\right)^{\frac{x}{a}} = \frac{1}{\sqrt{(1+\tang^2 a)^{\frac{x}{a}}}} = \frac{1}{\sqrt{1+x.\tang a\cdot\frac{\tang a}{a} + \frac{x(x-a)}{1.2}\tang^2 a\cdot\left(\frac{\tang a}{a}\right)^2 \text{etc}\ldots}}$$

et par suite, en faisant $a=o$

$$\lim\left(\cos^{\frac{x}{a}} a\right) = \frac{1}{\sqrt{1}} = 1.$$

Portant ces valeurs dans les équations (1) et (2), on aura :

$$\cos x = 1 - \frac{x^2}{1.2} + \frac{x^4}{1.2.3.4} - \frac{x^6}{1.2.3.4.5.6} + \text{etc}\ldots$$

$$\sin x = \frac{x}{1} - \frac{x^3}{1.2.3} + \frac{x^5}{1.2.3.4.5} - \frac{x^7}{1.2.3.4.5.6.7} + \text{etc}\ldots$$

14. De la formule qui donne $\sin ma$, on tire

Développement d'un arc en fonction de sa tangente.

$$\frac{\sin ma}{ma} = \frac{\cos^m a}{a}\left(\tang a - \frac{(m-1)(m-2)}{1.2.3}\cdot\tang^3 a + \text{etc}\ldots\right);$$

d'où en posant $m=o$

$$1 = \frac{1}{a}\left(\tang a - \frac{\tang^3 a}{3} + \frac{\tang^5 a}{5} + \text{etc}\ldots\right),$$

et par suite

$$a = \tang a - \frac{\tang^3 a}{3} + \frac{\tang^5 a}{5} + \text{etc}\ldots$$

Pour que cette série soit convergente, il faut que

$$\tang a \not> 1.$$

Développement du rapport π de la circonférence au diamètre

Si dans cette série on fait $a = \frac{\pi}{4}$, on a $\tang a = 1$, et par conséquent

$$\frac{\Pi}{1} = 1 - \frac{1}{3} + \frac{1}{5} - \frac{1}{7} + \frac{1}{9}\cdots$$

Cette série est peu convergente ; mais on peut en obtenir une beaucoup plus convergente.

Pour cela, posons

$$\operatorname{tang}\frac{a}{4}=\frac{1}{5}.$$

On en déduirait

$$\operatorname{tang}\frac{a}{2}=\frac{\frac{2}{5}}{1-\frac{1}{25}}=\frac{10}{24}=\frac{5}{12},\quad \operatorname{tang}a=\frac{\frac{10}{12}}{1-\frac{25}{144}}=\frac{120}{119}.$$

Par suite

$$\operatorname{tang}\left(a-\frac{\pi}{4}\right)=\frac{\frac{120}{119}-1}{1+\frac{120}{119}}=\frac{1}{239};$$

donc

$$a-\frac{\pi}{4}=\frac{1}{239}-\frac{1}{3(239)^2}+\frac{1}{5(239)^3}-\text{etc.}\ldots$$

Mais

$$a=4\left(\frac{1}{5}-\frac{1}{3.5^3}+\frac{1}{5.5^5}-\text{etc.}\ldots\right);$$

d'où en retranchant

$$\pi=4\left(\frac{1}{5}-\frac{1}{3.5^3}+\frac{1}{5.5^5}-\text{etc.}\ldots\right)-\left(\frac{1}{239}-\frac{1}{3(239)^3}+\text{etc.}\ldots\right),$$

série beaucoup plus convergente que la précédente.

LIVRE V.

OU L'ON TRAITE DES QUANTITÉS IMAGINAIRES ET DES FONCTIONS ENTIÈRES.

I.

On a vu précédemment que toute puissance de degré pair d'une quantité positive ou négative était positive. Par conséquent, si l'on est conduit à extraire une racine de degré pair d'une quantité négative, l'opération est impossible. On est convenu alors de représenter l'opération par les signes ordinaires, et l'on a donné le nom de *quantité imaginaire* à l'expression résultante. Définition des quantités imaginaires.

Ainsi,

$$\sqrt{-3},\quad \sqrt[4]{-10},\quad \sqrt[2p]{-N},$$

sont des *quantités imaginaires.* — Par opposition, on donne le nom de *quantités réelles* aux quantités positives et négatives que nous avons considérées jusqu'ici.

En général, lorsqu'une expression algébrique contient des quantités imaginaires, on dit qu'elle est *imaginaire.*

On voit que les quantités imaginaires peuvent contenir des radicaux de différents degrés ; mais on démontrera plus tard que les quantités imaginaires d'un degré quelconque peuvent se ramener toujours à des quantités imaginaires du deuxième degré, c'est-à-dire, ne contenant que des radicaux carrés. — Nous nous occuperons donc d'abord des quantités *imaginaires* de la forme

$$A \pm \sqrt{-B},$$

A et B étant des quantités réelles, mais B étant toujours positif. Imaginaires du deuxième degré.

On simplifie encore cette forme en remarquant que B peut

être considéré comme le produit de B par -1. De sorte qu'en appliquant le principe de l'extraction de la racine carrée d'un produit, on peut regarder

$$\sqrt{-B} \text{ comme remplacée par } \sqrt{B}.\sqrt{-1}.$$

La forme définitive sous laquelle nous considérerons les quantités imaginaires sera donc

$$a+b\sqrt{-1},$$

a et b étant des quantité réelles quelconques.

Cela posé, on considère ces quantités dans le calcul algébrique, et on les traite comme des quantités réelles, en partant de la convention suivante :

Le produit de la racine de -1 par elle-même ou son carré est égal à -1.

Ainsi $$(\sqrt{-1})^2=(\sqrt{-1}.\sqrt{-1})=-1.$$

La quantité $\sqrt{-1}$ est ici un symbole sur lequel on ne pourra opérer qu'en s'appuyant sur l'égalité précédente.

Il résulte de là que

$$(\sqrt{-1})^3=(\sqrt{-1})^2.\sqrt{-1}=-\sqrt{-1}.$$
$$(\sqrt{-1})^4=(\sqrt{-1})^3.\sqrt{-1}=-\sqrt{-1}.\sqrt{-1}=+1.$$

En général,

$$(\sqrt{-1})^{4i}=+1,$$
$$(\sqrt{-1})^{4i+1}=+\sqrt{-1},$$
$$(\sqrt{-1})^{4i+2}=-1,$$
$$(\sqrt{-1})^{4i+3}=-\sqrt{-1}.$$

Des quantités imaginaires égales.

On dit que deux quantités imaginaires sont égales lorsque les coefficients et les parties indépendantes de $\sqrt{-1}$ sont respectivement les mêmes.

Ainsi,

$$a+b\sqrt{-1}=a'+b'\sqrt{-1},$$

si

$$a=a', \quad \text{et} \quad b=b',$$
$$5-3+(4-2)\sqrt{-1}=8-6+(13-11)\sqrt{-1}.$$

Réciproquement, si l'on traite les quantités imaginaires comme les quantités réelles, et que l'on opère sur $\sqrt{-1}$ comme il a été dit plus haut, il faut nécessairement que les coefficients et les parties indépendantes de $\sqrt{-1}$ soient les mêmes pour qu'on puisse réunir deux quantités imaginaires par le signe $=$.

En effet, soit posé

$$a+b\sqrt{-1}=a'+b'\sqrt{-1},$$

on aura

$$a-a'=(b'-b)\sqrt{-1},$$

ou en élevant au carré,

$$(a-a')^2=-(b'-b)^2,$$

ou

$$(a-a')^2+(b'-b)^2=0.$$

Or cette quantité ne peut être nulle qu'autant que

$$a=a', \quad \text{et} \quad b=b'$$

car a, a', b, b' étant des quantités réelles, chaque carré serait essentiellement positif.

Utilité des quantités imaginaires.

De là résulte l'utilité de la considération des quantités imaginaires.

En effet, supposons que l'on parte de quantités imaginaires égales deux à deux, et que l'on opère sur ces quantités d'après les règles ordinaires et les conventions précédentes sur $\sqrt{-1}$, on arrivera à une égalité entre deux nouvelles expressions imaginaires dans lesquelles les parties indépendantes de $\sqrt{-1}$ devront être égales, et les coefficients de racine de -1 égaux aussi. On en déduira donc des égalités entre des quantités réelles. L'étude de ces quantités, du reste, éclaircira ces considérations.

Forme trigonométrique des quantités imaginaires.

Toute quantité imaginaire peut se mettre sous la forme

$$\rho(\cos\varphi+\sqrt{-1}.\sin\varphi),$$

ρ étant une quantité réelle et positive.

En effet, soit $a+b\sqrt{-1}$ une quantité imaginaire donnée, il faut et il suffit, pour la remplacer par la première, que l'on ait :

(1) $\rho\cos\varphi=a$, (2) $\rho\sin\varphi=b$,

d'où, en élevant au carré et ajoutant

$$\rho^2(\cos^2\varphi + \sin^2\varphi) = \rho^2 = a^2 + b^2,$$

ce qui donne

$$\rho = \sqrt{a^2 + b^2}.$$

En divisant membre à membre l'égalité (2) par l'égalité (1), il vient

$$\operatorname{tang}\varphi = \frac{b}{a}.$$

Donc, comme une tangente passe par tous les états de grandeur, il existera toujours une valeur de φ correspondante; on déterminera ensuite φ de manière à ce que $\cos\varphi$ et $\sin\varphi$ soient de mêmes signes que a et b.

Module d'une quantité imaginaire.

La quantité ρ que l'on prend arithmétiquement égale à la racine carrée de la somme des carrés des quantités réelles de la quantité imaginaire prend le nom de *module* de cette quantité imaginaire.

Il résulte donc qu'une quantité imaginaire du deuxième degré quelconque peut toujours se mettre sous la forme précédente

$$\rho(\cos\varphi + \sqrt{-1}.\sin\varphi),$$

ρ étant réel et positif, et l'arc φ étant compris entre 0° et 360°.

Lorsque deux quantités imaginaires ne diffèrent que par le signe du coefficient de $\sqrt{-1}$, on dit qu'elles sont conjuguées.

Ainsi,

$$a + b\sqrt{-1}, \quad a - b\sqrt{-1},$$

sont des quantités imaginaires conjuguées.

Leurs modules sont égaux tous deux à $\sqrt{a^2+b^2}$, et on peut les mettre sous la forme

$$\rho(\cos\varphi + \sqrt{-1}\sin\varphi), \quad \rho(\cos\varphi - \sqrt{-1}\sin\varphi).$$

Des quantités imaginaires conjuguées.

Le produit de deux quantités imaginaires conjuguées est égal au carré de leur module,

car

$$(a + b\sqrt{-1})(a - b\sqrt{-1}) = a^2 - (b\sqrt{-1})^2 = a^2 + b^2.$$

La forme trigonométrique donne

$$\rho(\cos\varphi + \sqrt{-1}\sin\varphi) \times \rho(\cos\varphi - \sqrt{-1}\sin\varphi) = \rho^2(\cos^2\varphi + \sin^2\varphi) = \rho^2;$$

donc, etc....

Toutes les opérations à faire sur les quantités imaginaires se font d'une manière extrêmement simple en les considérant sous cette forme. Les conséquences que l'on en tire reposent sur la formule suivante, connue sous le nom de formule de *Moivre* : Formule de Moivre.

$$(\cos\varphi + \sqrt{-1}\sin\varphi)^m = \cos m\varphi + \sqrt{-1}\sin m\varphi.$$

Il est facile de la démontrer.

En effet, on a

$$(\cos\varphi + \sqrt{-1}.\sin\varphi)(\cos\varphi' + \sqrt{-1}\sin\varphi') = \cos\varphi\cos\varphi' - \sin\varphi\sin\varphi' + \sqrt{-1}(\sin\varphi\cos\varphi' + \sin\varphi'\cos\varphi).$$

Or,

$$\cos\varphi\cos\varphi' - \sin\varphi\sin\varphi' = \cos(\varphi + \varphi'),$$
$$\sin\varphi\cos\varphi' + \sin\varphi'\cos\varphi = \sin(\varphi + \varphi');$$

par suite

$$(\cos\varphi + \sqrt{-1}\sin\varphi)(\cos\varphi' + \sqrt{-1}\sin\varphi') = \cos(\varphi + \varphi') + \sqrt{-1}.\sin(\varphi + \varphi').$$

Donc pour multiplier deux expressions de ce genre, il suffit d'ajouter les arcs des lignes trigonométriques.

Si maintenant on multiplie par un facteur de même forme

$$\cos\varphi'' + \sqrt{-1}.\sin\varphi'',$$

on aura

$$(\cos\varphi + \sqrt{-1}\sin\varphi)(\cos\varphi' + \sqrt{-1}\sin\varphi')(\cos\varphi'' + \sqrt{-1}\sin\varphi'')$$
$$= [\cos(\varphi + \varphi') + \sqrt{-1}\sin(\varphi + \varphi')](\cos\varphi'' + \sqrt{-1}\sin\varphi'')$$
$$= \cos(\varphi + \varphi' + \varphi'') + \sqrt{-1}\sin(\varphi + \varphi' + \varphi'').$$

d'où on a en général

$$(1) \quad \begin{cases} (\cos\varphi + \sqrt{-1}\sin\varphi)(\cos\varphi'\sqrt{-1}\sin\varphi')\ldots(\cos\varphi^{(n)} + \sqrt{-1}\sin\varphi^{(n)}) \\ \quad = \cos(\varphi + \varphi' + \ldots\varphi^{(n)}) + \sqrt{-1}\sin(\varphi + \varphi'\ldots). \end{cases}$$

Si dans cette expression on fait

$$\varphi = \varphi' = \varphi''\ldots = \varphi^{(n)},$$

et si l'on suppose que le nombre des facteurs soit n, il vient

(2) $$(\cos\varphi + \sqrt{-1}\sin\varphi)^m = \cos m\varphi + \sqrt{-1}.\sin.m\varphi.$$

Cette formule peut donner un exemple de l'utilité de la considération des quantités imaginaires.

En effet, l'égalité (2) est une conséquence nécessaire de l'égalité (1). Or, si l'on développe le premier membre de l'égalité (2) d'après la loi du binôme de Newton, on trouvera une expression de la forme $M + N\sqrt{-1}$, dans laquelle M et N seront des fonctions de $\sin\varphi$ et $\cos\varphi$, d'où l'on déduira

$$\cos m\varphi = M, \quad \sin m\varphi = N.$$

Donc on aura des formules donnant les sinus et cosinus des arcs multiples d'un certain arc au moyen des sinus et cosinus de cet arc.

Dans ce cas on a

$$\cos m\varphi = \cos^m\varphi - \frac{m(m-1)}{1.2}\cos^{m-2}\varphi.\sin^2\varphi + \text{etc}\ldots$$

$$\sin m\varphi = m\sin\varphi\cos^{m-1}\varphi - \frac{m(m-1)(m-2)}{1.2.3}\sin^3\varphi\cos^{m-3}\varphi + \text{etc}\ldots$$

Ces préliminaires étant posés, nous allons nous occuper de quelques théorèmes sur les quantités imaginaires.

THÉORÈME I.

Le produit de deux quantités imaginaires est de même forme, et le module d'un produit est égal au produit des modules de ses facteurs.

En effet, on peut toujours mettre les facteurs sous la forme trigonométrique ;

donc $$\rho(\cos\varphi + \sqrt{-1}\sin\varphi) \times \rho'(\cos\varphi' + \sqrt{-1}\sin\varphi')$$
$$= \rho\rho'[\cos(\varphi + \varphi') + \sqrt{-1}\sin(\varphi + \varphi')].$$

S'il y avait plus de deux facteurs, la démonstration serait la même.

THÉORÈME II.

Le quotient de deux quantités imaginaires est de même forme et le module d'un quotient est égal au module du dividende divisé par le module du diviseur.

En effet,

$$\frac{\rho(\cos\varphi + \sqrt{-1}.\sin\varphi)}{\rho'(\cos\varphi' + \sqrt{-1}.\sin\varphi')} = Q = \frac{\rho}{\rho'}[\cos(\varphi-\varphi') + \sqrt{-1}\sin(\varphi-\varphi')].$$

$\cos(\varphi-\varphi') + \sqrt{-1}\sin(\varphi-\varphi')$ représente bien le quotient des deux facteurs imaginaires, puisque, si on le multiplie par

$$\cos\varphi' + \sqrt{-1}.\sin\varphi',$$

en ajoutant les arcs, on trouve

$$\cos\varphi + \sqrt{-1}.\sin\varphi.$$

THÉORÈME III.

La puissance m^ième^ *d'une quantité imaginaire* $P + Q\sqrt{-1}$ *est une quantité de même forme, et le module est égal à la puissance* m^ième^ *du module primitif.*

En effet, on peut toujours poser

$$P + Q\sqrt{-1} = \rho(\cos\varphi + \sqrt{-1}\sin\varphi),$$

d'où

$$(P + Q\sqrt{-1})^m = \rho^m(\cos m\varphi + \sqrt{-1}\sin m\varphi).$$

Donc, etc....

THÉORÈME IV.

Toute fonction entière d'une quantité imaginaire est une quantité imaginaire de même forme.

Ainsi, en représentant par x une quantité imaginaire

$$x = \rho(\cos\varphi + \sqrt{-1}.\sin\varphi),$$

$$fx = A_0x^m + A_1x^{m-1} + A_2x^{m-2} + \ldots + A_m = P + Q\sqrt{-1}.$$

En effet, examinons le cas où A_0, A_1, ... A_m sont réels, on aura

$$f[\rho(\cos\varphi + \sqrt{-1}\sin\varphi) = A_0\rho^m\cos m\varphi + A_1\rho^{m-1}\cos(m-1)\varphi + \text{etc}\ldots$$
$$\ldots + \sqrt{-1}[A_0\rho^m\sin m\varphi + A_1\rho^{m-1}\sin(m-1)\varphi + \ldots]$$

$$= P + Q\sqrt{-1}.$$

Dans le cas où les coefficients sont imaginaires aussi, en posant

$$A_p = \rho_p(\cos t_p + \sqrt{-1}.\sin t_p).$$

on aura

$$\begin{aligned} fx &= \rho_0\rho^m[\cos(m\varphi + t_0) + \sqrt{-1}.\sin(m\varphi + t_0) + \text{etc}\ldots \\ &= \rho_0\rho^m\cos(m\varphi + t_0) + \rho_1\rho^{m-1}\cos[(m-1)\varphi + t_1] + \text{etc}\ldots + \sqrt{-1}\,[\rho_0\rho^m\sin(m\varphi + t_0) + \text{etc}\ldots \\ &= P + Q\sqrt{-1}. \end{aligned}$$

THÉORÈME V.

La racine m^{ième} *d'une quantité imaginaire est de même forme, et son module est égal à la racine* m^{ième} *du module de la quantité primitive.*

En effet,

$$\sqrt[m]{P + Q\sqrt{-1}} = \sqrt[m]{\rho(\cos\varphi + \sqrt{-1}\sin\varphi)} = \rho^{\frac{1}{m}}\left(\cos\frac{\varphi}{m} + \sqrt{-1}\sin\frac{\varphi}{m}\right);$$

car pour élever la dernière quantité à la puissance $m^{\text{ième}}$, il suffit de multiplier son arc par m, et d'élever son module à la puissance $m^{\text{ième}}$, ce qui donne

$$\rho(\cos\varphi + \sqrt{-1}\sin\varphi);$$

donc, etc....

THÉORÈME VI.

Les quantités imaginaires d'un degré quelconque, c'est-à-dire, contenant un radical pair d'un degré quelconque, peuvent se remplacer par des quantités imaginaires du deuxième degré.

C'est-à-dire que l'on pourra toujours avoir

$$M + \sqrt[2k]{-N} = a + b\sqrt{-1} = \rho(\cos\varphi + \sqrt{-1}\sin\varphi),$$

ρ et φ étant déterminés convenablement.

En effet, considérons d'abord isolément

$$\sqrt[2k]{-N},$$

et posons

$$\sqrt[2k]{-N} = r(\cos t + \sqrt{-1}\sin t).$$

En élevant à la puissance $2k$ il vient:

$$-\mathrm{N} = r^{2k}(\cos 2kt + \sqrt{-1}\sin 2kt).$$

Il suffit donc que

$$-\mathrm{N} = r^{2k}.\cos 2kt,$$
$$0 = r^{2k}.\sin 2kt.$$

En élevant au carré, et ajoutant, il vient :

$$\mathrm{N}^2 = r^{4k}, \text{ d'où } r = \sqrt[2k]{\mathrm{N}};$$

par suite

$$\cos 2kt = -1;$$
$$\sin 2kt = 0.$$

Donc il suffit que

$$2kt = \pm(2h+1)\pi, \quad \text{d'où} \quad t = \pm\frac{(2h+1)}{2k}\pi.$$

Donc déjà on peut remplacer le radical par une expression de la forme

$$r(\cos t + \sqrt{-1}.\sin t).$$

La quantité donnée devient alors

$$\mathrm{M} + r(\cos t + \sqrt{-1}\sin t) = a + b\sqrt{-1},$$

en faisant

$$a = \mathrm{M} + r\cos t,$$
$$b = r\sin t.$$

REMARQUE.

On voit, d'après ce qui précède, qu'il serait possible de prendre pour t une infinité de valeurs; mais nous ferons voir plus tard que le nombre des expressions imaginaires correspondantes est limité. Ce que l'on voulait faire voir dans le théorème précédent, c'est qu'il y avait au moins une quantité imaginaire du deuxième degré pouvant remplacer la première, qui est d'un degré quelconque.

CONCLUSION.

On voit, d'après ce qui précède, que lorsqu'on opère sur les quantités imaginaires du deuxième degré comme sur les quantités réelles, on est toujours conduit à des expressions de même forme, et que toutes les quantités imaginaires de degrés quelconques peuvent se remplacer par des quantités imaginaires du deuxième degré. — Par la suite on ne considérera donc plus que les quantités imaginaires de cette dernière nature.

On voit aussi, d'après la démonstration du dernier théorème, qu'il serait possible de remplacer une même quantité imaginaire d'un degré quelconque par des quantités imaginaires différentes du deuxième degré, dont le nombre paraît illimité. Nous allons nous proposer de rechercher en général combien il existe de valeurs susceptibles de reproduire une quantité donnée lorsqu'on les élève à une certaine puissance. Ce qui revient à la question suivante :

Valeurs multiples des radicaux.

Trouver toutes les quantités qui, élevées à la m^ième^ *puissance, reproduiraient une quantité donnée.*

Cette question se subdivise, en remarquant que la quantité donnée peut être *réelle* ou *imaginaire*, et, lorsqu'elle est *réelle*, *positive* ou *négative*.

Si donc on représente par x les quantités cherchées, on pourra avoir

$$x^m = A, \tag{1}$$

ou

$$x^m = -A, \tag{2}$$

ou

$$x^m = P + Q\sqrt{-1}. \tag{3}$$

Ce problème est aussi le même que celui de la résolution des équations précédentes. Examinons successivement ces trois questions.

PROBLÈME I.

Racines m^{es} de l'unité.

Trouver toutes les valeurs qui, élevées à la m^ième^ *puissance, reproduisent le nombre* A, *ou trouver toutes les racines* m^ièmes^ *de* A, *ou enfin résoudre l'équation*

$$x^m = A. \tag{1}$$

Extrayons la racine $m^{\text{ième}}$ arithmétique de A, et appelons-la a; on aura

$$a^m = A.$$

Et si nous posons $x = a.y$, l'équation devient

$$a^m.y^m = a^m,$$

ou

$$y^m = 1.$$

On voit donc que la question revient à trouver toutes les racines $m^{\text{ièmes}}$ de l'unité; et ces racines étant trouvées, il suffira de les multiplier par a pour avoir les racines cherchées.

Pour cela, posons

$$y = \rho(\cos\varphi + \sqrt{-1}.\sin\varphi).$$

En remplaçant, il vient

$$\rho^m(\cos m\varphi + \sqrt{-1}.\sin m\varphi) = 1;$$

d'où on déduit

$$\left.\begin{array}{l}\rho^m.\cos m\varphi = 1,\\ \rho^m.\sin m\varphi = 0.\end{array}\right\}$$

En élevant au carré et ajoutant, il vient

$$\rho^{2m}(\cos^2 m\varphi + \sin^2 m\varphi) = \rho^{2m} = 1.$$

Comme ρ est une quantité réelle et positive,

$$\rho = 1,$$

les équations précédentes deviennent alors

$$\left.\begin{array}{l}\cos m\varphi = 1,\\ \sin m\varphi = 0;\end{array}\right\}$$

d'où

$$m\varphi = \pm 2k\pi,$$

$$\varphi = \pm\frac{2k\pi}{m},$$

k étant un nombre entier et positif quelconque.

Les valeurs de y seront alors

$$y = \cos\frac{2k\pi}{m} \pm \sqrt{-1}.\sin\frac{2k\pi}{m}.$$

On voit déjà que ces valeurs se présentent par couple de valeurs conjuguées.

Actuellement cette expression n'est susceptible que d'avoir m valeurs distinctes.

En effet, effectuons la division de k par m, et posons

$$k = m.q \pm k',$$

k' indiquant le reste en *plus* ou en *moins*, de sorte que k' ne puisse pas surpasser $\frac{m}{2}$.

En remplaçant dans la valeur de y et remarquant que l'on peut retrancher un nombre pair de demi-circonférences d'un arc sans altérer la valeur des lignes trigonométriques, on a

$$y = \cos\frac{2k'\pi}{m} \pm \sqrt{-1}.\sin\frac{2k'\pi}{m}, \quad k' \not> \frac{m}{2}.$$

Si $m = 2p$, c'est-à-dire, si l'indice de la racine est pair, on aura toutes les valeurs de y en faisant successivement

$$k = 0.1.2.3\ldots p;$$

ce qui donne les valeurs

$$\begin{array}{ll}
k = 0, & y = 1, \\
k = 1, & y = \cos\frac{2\pi}{m} \pm \sqrt{-1}.\sin\frac{2\pi}{m}, \\
\vdots & \\
k = p - 1, & y = \cos\frac{2(p-1)\pi}{m} \pm \sqrt{-1}.\sin\frac{2(p-1)\pi}{m}, \\
k = p, & y = -1.
\end{array}$$

Or toutes les valeurs sont différentes, car toutes les parties réelles le sont, puisqu'elles représentent les cosinus d'arcs compris entre 0 et π.

Donc, dans le cas d'un indice pair, il y a m quantités différentes, dont deux sont réelles et égales à ± 1, qui, élevées à la puissance m, reproduisent l'unité.

Si $m = 2p + 1$, c'est-à-dire, si l'indice est impair, en faisant

$$k = 0.1.2.3\ldots p,$$

on aura

$$k=0,\quad y=1,$$
$$k=1,\quad y=\cos\frac{2\pi}{m}\pm\sqrt{-1}\,.\sin\frac{2\pi}{m},$$
$$\vdots$$
$$k=p,\quad y=\cos\frac{2p\pi}{m}\pm\sqrt{-1}\,.\sin\frac{2p\pi}{m}.$$

On voit encore ici qu'il y a m valeurs, dont une seulement est réelle.

Donc, quelle que soit la valeur de l'indice d'une racine, il y a autant de valeurs différentes pour cette racine qu'il y a d'unités dans son indice.

REMARQUE I.

On peut avoir toutes les racines $m^{\text{ièmes}}$ de l'unité en n'employant que la formule

$$y=\cos\frac{2k\pi}{m}+\sqrt{-1}\,.\sin\frac{2k\pi}{m},$$

et en donnant à k les valeurs

$$1.2.3\ldots m.$$

En effet, on obtiendra ainsi m quantités qui différeront toutes, puisque les arcs variant depuis $\frac{2\pi}{m}$ jusqu'à 2π, il n'y a pas deux arcs qui aient à la fois même *sinus* et même *cosinus* entre ces limites.

En général, il suffirait de donner à k, m valeurs consécutives.

REMARQUE II.

Si l'on représente par α la première racine obtenue dans les substitutions précédentes, c'est-à-dire, la valeur correspondante à $k=1$, ou

$$\cos\frac{2\pi}{m}+\sqrt{-1}\,.\sin\frac{2\pi}{m}=\alpha,$$

on aura pour $k=2, 3, 4, \ldots m$,

$$k=2,\quad \cos 2\left(\frac{2\pi}{m}\right)+\sqrt{-1}\sin 2\left(\frac{2\pi}{m}\right)=\left(\cos\frac{2\pi}{m}+\sqrt{-1}\sin\frac{2\pi}{m}\right)^2=\alpha^2,$$

$$k=3,\quad \cos 3\left(\frac{2\pi}{m}\right)+\sqrt{-1}\sin 3\left(\frac{2\pi}{m}\right)=\left(\cos\frac{2\pi}{m}+\sqrt{-1}\sin\frac{2\pi}{m}\right)^3=\alpha^3,$$

$$k=m,\quad \cos m\left(\frac{2\pi}{m}\right)+\sqrt{-1}\sin m\left(\frac{2\pi}{m}\right)=\left(\cos\frac{2\pi}{m}+\sqrt{-1}\sin\frac{2\pi}{m}\right)^m=\alpha^m.$$

Les racines pourront donc se représenter par la suite

$$\alpha,\quad \alpha^2,\quad \alpha^3,\quad \alpha^4,\ldots \alpha^{m-2},\quad \alpha^{m-1},\quad \alpha^m.$$

De sorte que si on représentait par a la racine $m^{\text{ième}}$ arithmétique de A, on aurait pour toutes les racines $m^{\text{ièmes}}$ de cette quantité,

$$a\alpha,\quad a\alpha^2,\quad a\alpha^3,\quad a\alpha^4,\ldots a\alpha^{m-2},\quad a\alpha^{m-1},\quad a\alpha^m.$$

REMARQUE III.

Si l'on prend une racine α^n quelconque, mais telle que n soit premier avec m, en élevant cette racine aux puissances successives

$$1,\quad 2,\quad 3,\ldots m,$$

on retrouve toutes les racines $m^{\text{ièmes}}$ de l'unité.

En effet, on obtient ainsi m quantités,

$$\alpha^n,\quad \alpha^{2n},\quad \alpha^{3n},\ldots \alpha^{p.n},\quad \alpha^{p'.n},\quad \alpha^{m.n}.$$

L'une d'elles, élevée à la puissance m, donne l'unité, car

$$(\alpha^{p.n})^m=\alpha^{p.n.m}=(\alpha^m)^{p.n}=1.$$

Donc ce sont bien des racines $m^{\text{ièmes}}$ de l'unité. Reste à faire voir qu'elles sont toutes différentes.

Or supposons que

$$\alpha^{p.n}=\alpha^{p'.n}.$$

On a aussi

$$\alpha^{p.m}=\alpha^{p'.m},$$

puisque α^p et $\alpha^{p'}$ sont des racines $m^{\text{ièmes}}$ de l'unité, si $m>n$. Posons

$$m=nq+r;$$

en remplaçant, il viendra, toute réduction faite,

$$\alpha^{p.r} = \alpha^{p.r}.$$

En raisonnant sur r et n comme sur n et m, on arriverait à

$$\alpha^{p.r'} = \alpha^{p'.r'}.$$

Et comme m et n sont premiers entre eux, le dernier reste sera l'unité, et donnerait $\alpha^p = \alpha^{p'}$; ce qui est absurde, puisque ce sont des racines $m^{\text{ièmes}}$ de l'unité (p et $p' < m$). (*)

REMARQUE IV.

Si m et m' sont premiers entre eux, toutes les racines imaginaires $m^{\text{ièmes}}$ de l'unité seront différentes des racines $m'^{\text{ièmes}}$.

En effet, les premières sont données par la formule

$$\cos\frac{2k\pi}{m} + \sqrt{-1}, \quad \sin\frac{2k\pi}{m},$$

k recevant les valeurs

$$1, \quad 2, \quad 3, \ldots m - 1;$$

les autres seront données par la formule

$$\cos\frac{2k'\pi}{m'} + \sqrt{-1}, \quad \sin\frac{2k'\pi}{m'}.$$

Or, supposons que deux valeurs puissent être égales, il faudrait que l'on eût

$$\cos\frac{2k\pi}{m} = \cos\frac{2k'\pi}{m'}, \quad \sin\frac{2k\pi}{m} = \sin\frac{2k'\pi}{m'},$$

d'où

$$\frac{2k\pi}{m} = \frac{2k'\pi}{m};$$

car ces arcs sont plus petits qu'une circonférence. Il faudrait donc que l'on eût

$$\frac{k}{m} = \frac{k'}{m'}, \quad \text{ou} \quad k' = \frac{k}{m} \times m'.$$

(*) On pourrait aussi remarquer que les valeurs des différentes puissances des racines sont données par la formule

$$\cos\frac{2kn\pi}{m} + \sqrt{-1}\sin\frac{2kn\pi}{m}$$

qui prend m, vu leurs différentes si m et n sont premiers entre eux, et qui n'en prend que m.

Mais k' est entier; il faudrait donc que m divisât k, puisque m et m' sont premiers entre eux; ce qui est absurde, puisque $k < m$.

Si m et m' ne sont pas premiers entre eux, il peut y avoir des racines qui soient les mêmes.

En effet, soit d le plus grand commun diviseur de m et de m', on aura

$$m = \mu . d, \quad m' = \mu' . d,$$

ce qui donne

$$k' = \frac{k . \mu'}{\mu}.$$

Donc en faisant

$$k = \mu, \quad 2\mu, \ldots (d - 1)\mu,$$

on aura

$$k' = \mu', \quad 2\mu', \ldots (d - 1)\mu'.$$

Il y aura donc $d - 1$ racines imaginaires communes; et en comptant l'unité qui est racine commune dans tous les cas, il y aurait d racines qui seraient communes.

PROBLÈME II.

Trouver toutes les quantités qui, élevées à la puissance m^ième^, *reproduisent la quantité négative* —A, *ou résoudre l'équation*

$$x^m = - A.$$

Posons $A = a^m$, a étant la racine $m^{\text{ième}}$ arithmétique de A et $x = a . y$, on aura, en remplaçant,

$$a^m . y^m = - a^m,$$

ou

$$y^m = - 1.$$

Racines m^{es} de l'unité prise négativement. Le problème revient donc à trouver toutes les quantités qui, élevées à la puissance $m^{\text{ième}}$, reproduiraient $- 1$.

Pour cela posons

$$y = \rho(\cos\varphi + \sqrt{-1} . \sin\varphi),$$

on aura, comme précédemment,

$$\rho^m(\cos m\varphi + \sqrt{-1}\sin m\varphi) = - 1;$$

d'où

$$\left.\begin{aligned} \rho^m \cos m\varphi &= - 1, \\ \rho^m \sin m\varphi &= 0, \end{aligned}\right\}$$

et par suite

$$\rho = 1, \quad \cos m\varphi = -1, \quad \sin m\varphi = 0;$$

d'où

$$m\varphi = \pm(2k+1)\pi,$$
$$\varphi = \pm\frac{(2k+1)}{m}\pi.$$

Les valeurs de y seront donc données par la formule

$$y = \cos\left(\frac{2k+1}{m}\right)\pi \pm \sqrt{-1} \quad \sin\left(\frac{2k+1}{m}\right)\pi,$$

k étant un nombre entier quelconque.

Il est aisé de faire voir, comme précédemment, qu'il existe m valeurs différentes, et qu'il n'y en a que m.

En effet, effectuons la division de $2k+1$ par $2m$, on aura

$$2k+1 = 2m.q \pm (2k'+1).$$

$2k'+1$ représente le reste en *plus* ou en *moins*, qui doit être impair, et ne peut surpasser m. On aura donc, en substituant et retranchant $2q\pi$ aux arcs, toutes les valeurs de y par la formule

$$y = \cos\frac{2k'+1}{m}\pi \pm \sqrt{-1} \quad \sin\frac{2k'+1}{m}.\pi,$$

$2k'+1$ ne pouvant surpasser m, ou, ce qui revient au même,

$$k' \not> \frac{m-1}{2}.$$

Si $m = 2p$, k' pourra prendre les valeurs

$$0, \quad 1, \quad 2, \quad 3, \quad 4, \ldots p-2, \quad p-1;$$

ce qui donnera p couples de racines imaginaires différentes, c'est-à-dire, m racines $m^{\text{ièmes}}$.

Si $m = 2p+1$, k' peut prendre les valeurs

$$0, \quad 1, \quad 2, \quad 3, \ldots p.$$

La dernière valeur donne -1 pour racine, et les autres seront toutes imaginaires. Il y aura donc encore m racines $m^{\text{ièmes}}$ différentes, dont une sera réelle.

Donc enfin, une quantité négative a m racines $m^{\text{ièmes}}$ différentes. — Et il n'y a que dans le cas où le degré de la racine est impair qu'il se trouve une valeur réelle qui est égale à -1.

REMARQUE I.

Toutes les valeurs de $\sqrt[m]{-1}$ peuvent être données par la formule

$$y = \cos \frac{2k+1}{m} \pi + \sqrt{-1} \sin \frac{2k+1}{m} \pi,$$

en donnant à k les valeurs consécutives

$$0, \quad 1, \quad 2, \quad 3, \quad 4, \ldots m-1.$$

En effet, toutes les valeurs seront différentes; puisque les arcs variant de $\frac{\pi}{m}$ à $\frac{2m-1}{m}\pi$ sont compris entre 0 et 2π, et qu'entre ces limites il n'y a pas d'arcs qui aient à la fois même *sinus* et même *cosinus*.

Il suffirait de donner à k, m valeurs entières consécutives.

En effet, supposons que k' et k'' soient deux valeurs choisies parmi ces nombres consécutifs, la différence entre ces deux nombres sera toujours plus petite que m, et les deux valeurs correspondantes seront :

$$\cos \frac{2k'+1}{m}\pi + \sqrt{-1} \sin \frac{2k'+1}{m}\pi, \quad \cos \frac{2k''+1}{m}\pi + \sqrt{-1} \sin \frac{2k''+1}{m}\pi.$$

Pour que ces deux valeurs fussent égales, il faudrait que les sinus et cosinus des arcs fussent égaux, ce qui donnerait

$$\frac{2k'+1}{m}\pi - \frac{2k''+1}{m}\pi = 2q\pi,$$

d'où

$$\frac{k'-k''}{m} = q;$$

c'est-à-dire, que la différence $k'-k''$ devrait être exactement divisible par m; ce qui est impossible, puisque $k'-k'' < m$. Donc toutes les valeurs que l'on obtiendra seront différentes; donc ce seront bien les m racines de l'unité prise négativement.

REMARQUE II.

Si l'on représente la première racine par α, celle que l'on obtient en faisant $k=0$, on aura successivement

$$k=0, \qquad \cos\frac{\pi}{m}+\sqrt{-1}\sin\frac{\pi}{m}=\alpha,$$

$$k=1, \qquad \cos 3\frac{\pi}{m}+\sqrt{-1}\sin 3\frac{\pi}{m}=\alpha^3,$$

$$k=2, \qquad \cos 5\frac{\pi}{m}+\sqrt{-1}\sin 5\frac{\pi}{m}=\alpha^5,$$

$$\vdots$$

$$k=m-1, \qquad \cos(2m-1)\frac{\pi}{m}+\sqrt{-1}\sin(2m-1)\frac{\pi}{m}=\alpha^{2m-1};$$

de sorte que toutes les racines $m^{\text{ièmes}}$ de -1 s'obtiennent en élevant la première racine à des puissances marquées par les m premiers nombres impairs.

Les racines $m^{\text{ièmes}}$ de $-A$ seraient, en représentant toujours par a la racine $m^{\text{ième}}$ arithmétique de A,

$$a\alpha, \quad a\alpha^3, \quad a\alpha^5, \quad a\alpha^7, \ldots a\alpha^{2m-1}.$$

REMARQUE III.

Si on prend une racine α^n, n étant un nombre impair variant depuis 1 jusqu'à $2m-1$, et si on élève cette racine successivement aux puissances

$$1, \quad 3, \quad 5, \ldots 2m-1,$$

on reproduira toutes les racines $m^{\text{ièmes}}$ de -1, si m est premier avec n.

On démontre ce théorème par les mêmes considérations que celles qui ont servi à démontrer le théorème analogue pour les racines $m^{\text{ièmes}}$ de l'unité.

REMARQUE IV.

Les racines imaginaires de -1 du degré m sont toutes différentes des racines $m'^{\text{ièmes}}$ de cette même quantité lorsque m et m' sont premiers entre eux; dans le cas contraire, elles ont autant de valeurs communes qu'il y a d'unités dans le plus grand commun diviseur entre les deux quantités.

Même démonstration que dans la recherche des racines $m^{\text{ièmes}}$ de l'unité.

PROBLÈME III.

Racines m^{es} d'une quantité imaginaire.

Trouver toutes les quantités qui, élevées à la puissance m^ième^, *reproduiraient la quantité*

$$P+Q\sqrt{-1};$$

ou résoudre l'équation

$$x^m = P+Q\sqrt{-1}.$$

Posons

$$x = \rho(\cos\varphi + \sqrt{-1}\sin\varphi),$$

et

$$P+Q\sqrt{-1} = r(\cos t + \sqrt{-1}\sin t).$$

En remplaçant, on devra avoir

$$\rho^m(\cos m\varphi + \sqrt{-1}\sin m\varphi) = r(\cos t + \sqrt{-1}\sin t),$$

ce qui conduit aux deux relations

$$\rho^m \cos m\varphi = r\cos t,$$
$$\rho^m \sin m\varphi = r\sin t;$$

d'où on tire, en élevant au carré, et ajoutant

$$\rho^{2m} = r^2, \quad \rho = r^{\frac{1}{m}}.$$

Par suite

$$\cos m\varphi = \cos t,$$
$$\sin m\varphi = \sin t;$$

donc

$$m\varphi = t \pm 2k\pi,$$

d'où

$$\varphi = \frac{t}{m} \pm \frac{2k\pi}{m}.$$

De sorte que toutes les valeurs de x seront données par la formule

$$x = r^{\frac{1}{m}}\left[\cos\left(\frac{t}{m} \pm \frac{2k\pi}{m}\right) + \sqrt{-1}\,\sin\left(\frac{t}{m} \pm \frac{2k\pi}{m}\right)\right],$$

dans laquelle k est un nombre entier positif quelconque. Mais cette expression peut se mettre sous la forme

$$x = r^{\frac{1}{m}}\left(\cos\frac{t}{m} + \sqrt{-1}\,\sin\frac{t}{m}\right)\left(\cos\frac{2k\pi}{m} \pm \sqrt{-1}\,\sin\frac{2k\pi}{m}\right).$$

Or, le deuxième facteur n'est autre que la formule des racines $m^{\text{ièmes}}$ de l'unité. Il suffira donc, pour avoir la valeur cherchée, de multiplier

$$r^{\frac{1}{m}}\left(\cos\frac{t}{m} + \sqrt{-1}\,\sin\frac{t}{m}\right),$$

que l'on pourrait appeler la racine arithmétique de la quantité imaginaire, par les m racines $m^{\text{ièmes}}$ de l'unité.

Application des considérations précédentes à quelques exemples.

App. 1. Trouver les racines cubiques de l'unité.

On aura

$$x^3 = \rho^3(\cos 3\varphi + \sqrt{-1}\,\sin 3\varphi) = 1;$$

d'où

$$\rho = 1, \quad \varphi = \pm\frac{2k\pi}{3}, \quad k \not> \frac{3}{2} = 1 + \frac{1}{2},$$

ce qui donne

$$x_1 = 1, \quad x_2 = \cos\frac{2\pi}{3} + \sqrt{-1}\,\sin\frac{2\pi}{3}, \quad x_3 = \cos\frac{2\pi}{3} - \sqrt{-1}\,\sin\frac{2\pi}{3}.$$

Or

$$\cos\frac{2\pi}{3} = -\frac{1}{2}, \quad \sin\frac{2\pi}{3} = \frac{\sqrt{3}}{2};$$

donc

$$x_2 = \frac{-1 + \sqrt{-3}}{2},$$

$$x_3 = \frac{-1 - \sqrt{-3}}{2}.$$

App. 2. Trouver toutes les racines cubiques de -1. On aura

$$x^3 = \rho^3(\cos 3\varphi + \sqrt{-1}\sin 3\varphi) = -1;$$

d'où

$$\rho = 1, \quad \varphi = \pm\left(\frac{2k+1}{3}\right)\pi, \quad k \not> \frac{3-1}{2} = 1,$$

ce qui donne les trois valeurs

$$x_1 = -1, \quad x_2 = \cos\frac{\pi}{3} + \sqrt{-1}\sin\frac{\pi}{3}, \quad x_3 = \cos\frac{\pi}{3} - \sqrt{-1}\sin\frac{\pi}{3}.$$

Or

$$\cos\frac{\pi}{3} = \frac{1}{2}, \quad \sin\frac{\pi}{3} = \frac{\sqrt{3}}{2};$$

donc

$$x_2 = \frac{1+\sqrt{-3}}{2},$$

$$x_3 = \frac{1-\sqrt{-3}}{2}.$$

Les racines sont égales et de signes contraires aux précédentes, ce qui était facile à prévoir.

App. 3. Trouver les racines carrées de $\sqrt{-1}$. On aura

$$x^2 = \rho^2(\cos 2\varphi + \sqrt{-1}\sin 2\varphi) = \sqrt{-1};$$

ce qui donne

$$\rho^2\cos 2\varphi = 0, \quad \rho = 1,$$

$$\rho^2\sin 2\varphi = 1, \quad \varphi = \frac{\frac{\pi}{2} \pm 2k\pi}{2}.$$

En remplaçant, il vient

$$x = \left(\cos\frac{\pi}{4} + \sqrt{-1}\sin\frac{\pi}{4}\right)(\cos k\pi + \sqrt{-1}\sin k\pi);$$

donc

$$k = 0, \quad x_1 = \cos\frac{\pi}{4} + \sqrt{-1}\sin\frac{\pi}{4},$$

$$k = 1, \quad x_2 = -\cos\frac{\pi}{4} - \sqrt{-1}\sin\frac{\pi}{4}.$$

Or

$$\cos\frac{\pi}{4} = \sin\frac{\pi}{4} = \frac{\sqrt{2}}{2};$$

donc

$$x_1 = \frac{\sqrt{2}+\sqrt{-2}}{2},$$

$$x_2 = -\frac{\sqrt{2}+\sqrt{-2}}{2}.$$

On peut vérifier ces valeurs en les élevant au carré.

App. 4. Trouver les racines carrées de la quantité

$$1+\sqrt{-1}.$$

On aura toujours

$$x^2 = \rho^2(\cos 2\varphi + \sqrt{-1}\sin 2\varphi) = 1+\sqrt{-1};$$

mais posant

$$1+\sqrt{-1} = r(\cos t + \sqrt{-1}\sin t),$$

on tire

$$\left.\begin{array}{l} r\cos t = 1 \\ r\sin t = 1 \end{array}\right\} \quad \left.\begin{array}{l} r^2 = 2 \\ \operatorname{tang} t = 1 \end{array}\right\} \quad \begin{array}{l} r = \sqrt{2}, \\ t = \dfrac{\pi}{4}; \end{array}$$

d'où

$$\rho^2(\cos 2\varphi + \sqrt{-1}\sin 2\varphi) = \sqrt{2}\left(\cos\frac{\pi}{4} + \sqrt{-1}\sin\frac{\pi}{4}\right);$$

donc

$$x_1 = \sqrt[4]{2}\left(\cos\frac{\pi}{8} + \sqrt{-1}\sin\frac{\pi}{8}\right), \quad x_2 = -\sqrt[4]{2}\left(\cos\frac{\pi}{8} + \sqrt{-1}\sin\frac{\pi}{8}\right).$$

II.

Des fonctions entières.

Nous avons déjà vu que si, dans une expression algébrique, une ou plusieurs lettres n'entraient qu'à des puissances entières et positives, on disait que l'expression était une fonction entière de la quantité ou des quantités littérales que l'on y avait considérées.

Lorsqu'on donne dans une fonction différentes valeurs aux quantités littérales que l'on y considère spécialement, la fonction prend différentes valeurs, dont les variations dépendent des variations que l'on a fait subir aux quantités considérées. Ces dernières quantités portent alors le nom de variables indépendantes, et la fonction celui de variable dépendante. Nous allons nous occuper de rechercher les relations qui doivent exister entre les variations de ces grandeurs.

PROBLÈME I.

Une fonction entière y = fx *à une seule variable indépendante étant donnée, déterminer la variation* k *de la fonction lorsque la variable éprouve une variation quelconque* h.

On devra avoir :

$$y + k = f(x + h).$$

Or, la forme la plus générale de fx est

$$fx = A_0 x^m + A_1 x^{m-1} + A_2 x^{m-2} + \ldots + A_m,$$

A_0, A_1, A_2, A_3, etc. ... étant des quantités quelconques ; on aura donc :

$$f(x + h) = A_0 (x + h)^m + A_1 (x + h)^{m-1} + \ldots + A_m.$$

En développant les puissances, il vient

$$\begin{array}{l|l|l}
f(x+h)=A_0x^m \quad + A_0 m \quad x^{m-1} & h + A_0 \frac{m(m-1)}{1.2} x^{m-2} & h^2 + \text{etc...} \\
+A_1x^{m-1}+A_1(m-1)x^{m-2} & + A_1 \frac{(m-1)(m-2)}{1.2} x^{m-3} & + \text{etc...} \\
+A_2x^{m-2}+A_2(m-2)x^{m-3} & + \text{etc...} & \\
\vdots & & \\
+A_m. & &
\end{array}$$

Or le coefficient de la première puissance de h s'obtient en multipliant chaque terme par l'exposant de x dans ce terme; le coefficient de h^2 se déduit du coefficient de h par la même loi, en divisant par 1.2; le coefficient de h^3 se formerait de même que le précédent, mais en divisant par $1.2.3$, et ainsi de suite.

Ces polynômes obtenus de cette manière prennent, comme on l'a déjà vu, le nom de polynômes dérivés des polynômes correspondants; pour représenter le polynôme dérivé d'un polynôme $f(x)$, on accentue la lettre f. Ainsi

$$mA_0x^{m-1} + (m-1)A_1x^{m-2} + \text{etc...} = f'(x);$$

de même

$$m(m-1)A_0x^{m-2} + (m-1)(m-2)A_1x^{m-3} + \text{etc...} = f''(x);$$

et ainsi de suite.

$f'(x)$, $f''(x)$, etc., $f^{(n)}(x)$ prennent les noms de fonctions dérivées du 1er, 2me, 3me, n^ième^ ordre de la fonction proposée. Par suite de ces notations, on peut écrire:

Série de Taylor pour les fonctions entières.

$$y+k=f(x+h)$$

$$=f(x)+hf'(x)+\frac{h^2}{1.2}f''(x)+\frac{h^3}{1.2.3}f'''(x)+\text{etc...}+\frac{h^m}{1.2...m}f^{(m)}(x).$$

On aura donc la variation de la fonction

$$k=hf'(x)+\frac{h^2}{1.2}f''(x)+\text{etc...}=h(f'x+Ph),$$

en faisant

$$P=\frac{f''(x)}{1.2}+\frac{hf'''(x)}{1.2.3}+\text{etc...}$$

COROLLAIRE I.

Si dans le développement de $f(x+h)$ on change x en h, on aura

$$y+k=f(x+h)=f(h+x)=f(h)+f'(h)x+\frac{f''(h)}{1.2}x^2+\text{etc}\dots$$

ce qui donne le développement ordonné par rapport aux puissances entières de la variable x.

Série de Maclaurin. Maintenant en posant $h=0$, on a $k=0$, et par suite,

$$y=fx=f(0)+f'(0)x+\frac{f''(0)}{1.2}x^2+\frac{f'''(0)}{1.2.3}x^3+\text{etc}\dots$$

$f(0)$, $f'(0)$, etc., ... représentant ce que deviennent les fonctions dérivées successives lorsqu'on y fait successivement $x=0$.

Ce développement permet de déterminer une fonction de degré m, lorsqu'on sait sa valeur, ainsi que celles de ses m fonctions dérivées successives, lorsqu'on y fait $x=0$.

COROLLAIRE II.

On peut arriver à la même détermination lorsqu'on connaît les valeurs de la fonction et de ses fonctions dérivées successives pour une valeur quelconque a de la variable, car on a

$$y=f(x)=f(a+x-a)=f(a)+f'(a)(x-a)+\frac{f''(a)}{1.2}(x-a)^2+\text{etc}\dots$$

Ce développement est très-fécond en conséquences, comme nous le verrons par la suite.

Par exemple, il montre de suite que pour que la fonction donnée soit divisible par le facteur binôme $x-a$, il faut et il suffit que $fa=0$, ce que nous avions déjà reconnu dans le premier livre.

PROBLÈME II.

Une fonction entière de deux ou plusieurs variables étant donnée, déterminer la variation de cette fonction lorsqu'on attribue aux variables qui y entrent des variations quelconques.

Examinons le cas d'une fonction

$$z = f(x, y),$$

à deux variables indépendantes x et y.

Soient h, k, l, les variations des variables x, y, et de la fonction z, on aura

$$z + l = f(x + h,\ y + k).$$

Pour obtenir le développement de la fonction, remarquons que l'on peut faire varier successivement x et y. Supposons donc que l'on fasse varier seulement x, et appelons z ce que devient la fonction, on aura

$$z_1 = f(x + a,\ y) = f(x, y) + hf'_x(x, y) + h^2 f''_x \frac{(x, y)}{1 . 2} + \text{etc...}$$

l'indice x indiquant que les opérations se font en ne considérant que la variable x.

Maintenant, si on remplace y par $y + k$, on aura

$$z + l = f(x + h, y + k) = f(x, y + k) + hf'_x(x, y + k) + h^2 \frac{f''_x(x, y + k)}{1 . 2} + \text{etc...}$$

Mais

$$f\ (x, y + k) = f\ (x, y) + kf'_y\ (x, y) + k^2 \frac{f''_y\ (x, y)}{1 . 2} + \text{etc...}$$

$$f'_x(x, y + k) = f'_x(x, y) + kf''_{x, y}(x, y) + k^2 \frac{f'''_{x, y^2}(x, y)}{1 . 2 . 3} + \text{etc...}$$

$$f''_x(x, y + k) = f''_x(x, y) + kf'''_{x^2, y}(x, y) + \text{etc...}$$

et ainsi de suite. Les accents indiquent toujours le nombre des dérivations que l'on doit faire; l'indice, lorsqu'il n'y a qu'une lettre, indique par rapport à quelle variable on opère, et lorsqu'il y a deux lettres comme dans $f'''_{x^2 y}$, que l'on doit dériver autant de fois par rapport à une variable, qu'il y a d'unités à son exposant dans l'indice de la fonction. En substituant ces développements, on a

$$z + l = f(x + h, y + k) = f(x, y) + \left.\begin{array}{l} f'_x(x, y) . h \\ + f'_y(x, y) . k \end{array}\right| \left.\begin{array}{l} + \dfrac{f''_x(x, y)}{1 . 2} . h^2 \\ + f''_{x, y}(x, y) . h . k \\ + \dfrac{f''_y(x, y)}{1 . 2} . k^2 \end{array}\right| + \text{etc...}$$

Série de Taylor dans le cas d'une fonction entière à deux variables.

Si le nombre des variables était supérieur à deux, on raisonnerait de la même manière.

COROLLAIRE I.

On peut changer x en h, y en k, et réciproquement, sans changer le résultat. Donc,

$$z+l=f(x+h, y+k)=f(h, k)+f_x'(h, k).x + \frac{f_x''(h, k)}{1.2}.x^2 + \text{etc...}$$
$$+f_y'(h, k).y + f_{x,y}''(h, k).x.y + \frac{f_y''(h, k)}{1.2}.y^2$$

et si l'on fait $h=0$, $k=0$, il vient

$$z=f(x, y)=f(0)+f_x(0).x+\frac{f_x''(0)}{1.2}.x^2 + \text{etc...}$$
$$+f'_y(0).y+f_{x,y}''(0).x.y + \frac{f_y''(0)}{1.2}.y^2$$

COROLLAIRE II.

On peut également mettre la fonction sous la forme suivante, en désignant par a et b deux valeurs quelconques attribuées à x et y,

$$z=f(x, y)=f(a+x-a, b+y-b)=f(a, b)+f_x'(a, b)(x-a) + \text{etc...}$$
$$+f_y'(a, b)(x-b)$$

REMARQUE.

Si la fonction z devait être toujours nulle, ou, ce qui revient au même, si l'on donnait la relation

$$f(x, y)=0,$$

l'une des deux variables ne serait plus indépendante : l'une serait fonction de l'autre. Mais il pourra arriver que la forme de la fonction qui donne l'une au moyen de l'autre ne puisse s'obtenir. On dit alors que l'une des variables est fonction *implicite* de l'autre. Dans les cas précédents, y dans le problème I, et z dans le problème II, sont des fonctions *explicites* des variables. Dans le cas qui nous occupe, les variations des deux variables, l'une indépendante, l'autre dépendante, ou fonction de la première, sont liées par la relation

$$f(x+h, y+k) = f(x, y) + f'_x(x, y)h + \text{etc.} \ldots = 0.$$
$$+ f'_y(x, y)k. \quad (*)$$

THÉORÈME I.

Dans toute fonction entière à une variable et à coefficients réels telle que

$$fx = A_0x^m + A_1x^{m-1} + \ldots + A_m,$$

on peut toujours trouver pour la variable une valeur assez grande pour que la substitution de cette valeur dans la fonction soit de même signe que le premier terme, et qu'il en soit ainsi pour toute valeur plus grande.

En effet, il suffit de montrer pour cela que la valeur numérique du premier terme peut l'emporter sur la somme de celles de tous les autres termes; c'est-à-dire, que l'on peut avoir

$$A_0x^m > A_1x^{m-1} + \ldots + A_m,$$

en prenant chaque terme en valeur absolue. Soit P le plus grand de tous les coefficients, si l'on a

$$A_0x^m \geqq P(x^{m-1} + x^{m-2} + \ldots + 1) = P\,\frac{x^m - 1}{x - 1},$$

on satisfera à la condition précédente; ou, ce qui revient au même, en supposant $x > 1$, si l'on a

$$A_0x^m(x-1) - Px^m + P \geqq 0,$$

ou

$$x^m[A_0(x-1) - P] + P \geqq 0.$$

(*) On doit, dans le commencement de l'étude de l'algèbre, se familiariser avec ces développements en les appliquant à différents exemples; j'engagerai donc le lecteur à s'exercer en prenant lui-même des fonctions entières quelconques.

Il suffira donc que

$$A_0(x-1)-P \geqq 0, \quad \text{d'où} \quad x \geqq 1+\frac{P}{A_0}.$$

P et A_0 sont pris en valeur absolue ; donc, etc...

Ainsi la fonction

$$4x^3-5x^2+12x-2$$

sera positive pour $x=1+\frac{12}{4}=4$, et pour toute valeur plus grande.

De même la fonction

$$-5x^4+13x^3-15x+20$$

sera négative pour $x=1+\frac{20}{5}=5$, et pour toute valeur plus grande.

REMARQUE I.

Au lieu de prendre le plus grand coefficient de la fonction, on pourra prendre pour P le plus grand coefficient de signe contraire au premier terme s'il est moindre.

Ainsi dans la fonction

$$4x^3-5x^2+12x-2,$$

il suffit de prendre $x \geqq 1+\frac{5}{4}$.

REMARQUE II.

Il peut arriver aussi qu'un certain nombre de termes soient de mêmes signes que le premier terme ; alors il est aisé de déterminer une valeur de x moindre que celles qui auraient été déterminées par les règles précédentes.

En effet, supposons, par exemple, que les p premiers termes soient positifs.

On aurait :

$$fx=A_0x^m+A_1x^{m-1}+\ldots-A_px^{m-p}+\text{etc}\ldots$$

Il suffira donc, en désignant par P le plus grand coefficient négatif pris positivement, que

$$A_0 x^m - P(x^{m-p} + \ldots + 1) \geqq 0,$$

ou

$$A_0 x^m - P \frac{x^{m-p+1} - 1}{x - 1} \geqq 0,$$

ou, en supposant $x > 1$,

$$x^{m-p+1}[A_0 x^{p-1}(x-1) - P] + P \geqq 0,$$

et remplaçant x^{p-1} par $(x-1)^{p-1}$, il suffira de poser

$$A_0(x-1)^p - P \geqq 0, \quad \text{d'où} \quad x \geqq 1 + \sqrt[p]{\frac{P}{A_0}}.$$

Ainsi dans la fonction

$$3x^5 + 15x^4 + 13x^3 - 4x^2 - 12x + 5,$$

il suffit que

$$x \geqq 1 + \sqrt{\frac{12}{3}} = 1 + 2 = 3.$$

REMARQUE III.

On peut aussi, à l'aide de la série de Taylor, trouver une limite de la valeur de x; car posant $x = a + h$, on a

$$f(a+h) = fa + hf'a + \frac{h^2}{1.2} f''a + \ldots + \frac{h^m}{1.2.m} f^m(a).$$

Donc si on détermine a de telle manière que

$$fa > 0, \quad f'a > 0, \quad \frac{f''a}{1.2} > 0 \ldots \frac{f^m a}{1.2\ldots m} > 0,$$

la quantité a sera convenable; or, $f^m a$ est un nombre, on devra donc substituer a à partir de la fonction $(m-1)^{\text{ième}}$, et prendre une quantité telle qu'elle rende $f^{m-1}(x)$, $f^{m-2}(x)$, $f'(x)$, $f(x)$ positives; ce qui est aisé, au moyen des substitutions successives.

Ainsi dans la fonction

$$fx = 4x^3 - 5x^2 + 12x - 2,$$

on a

$$f'x = 12x^2 - 10x + 12,$$

$$\frac{f''x}{1.2} = 12x - 5,$$

$$\frac{f'''x}{1.2} = 4.$$

Pour $x = 1$, on a

$$\frac{f''(1)}{1.2} > 0, \quad f'(1) > 0, \quad f(1) > 0.$$

Donc le polynôme restera positif pour $x \geqq 1$.

Si le premier terme était négatif, les valeurs de la fonction seraient toutes négatives à partir de la valeur ainsi déterminée.

REMARQUE IV.

On peut encore arriver à la détermination de cette valeur en groupant les termes de manière à apercevoir rapidement la valeur de x rendant chaque groupe positif; la plus grande de toutes ces valeurs satisfera à la condition.

Ainsi dans le cas de

$$fx = 3x^5 - 2x^4 + 3x^3 - x^2 + x - 1,$$

on peut écrire

$$fx = 3x^4\left(x - \frac{2}{3}\right) + 3x^2\left(x - \frac{1}{3}\right) + x - 1.$$

Donc pour $x \geqq 1$ le polynôme sera positif.

REMARQUE V.

La fonction prend des valeurs de plus en plus grandes et constamment positives pour des valeurs croissantes et commençant aux quantités déterminées précédemment. En effet, les trois premières sont déterminées de manière que le premier terme l'emporte sur la somme des termes négatifs ; par conséquent on peut écrire la fonction sous la forme

$$(A_0 x^m - X) + X_1,$$

X étant l'ensemble des termes négatifs, et X_1 l'ensemble des termes positifs. Maintenant si l'on met x^m en facteur, on aura :

$$x^m\left(A_0 - \frac{X}{x^m}\right) + X_1.$$

Or si x augmente, x^m, $A_0 - \frac{X}{x^m}$ et X_1 augmenteront; donc, etc... Pour les quantités déterminées dans les remarques III et IV, c'est évident.

REMARQUE VI.

Si la fonction était ordonnée par rapport aux puissances croissantes de la variable, on pourrait déterminer une quantité suffisamment petite de x, pour que le signe du premier terme soit celui de la fonction; il suffirait pour cela de remplacer x par $\frac{1}{y}$, de chasser le dénominateur, et de déterminer y assez grand pour que le premier terme l'emporte sur la somme de tous les autres; alors la valeur inverse sera une valeur convenable pour x.

THÉORÈME II.

Toute fonction entière à une variable et à coefficients réels est une fonction continue; c'est-à-dire, que si la variable varie par degrés suffisamment rapprochés, la fonction variera de la même manière.

Ainsi $f(x)$ étant la fonction donnée, on pourra toujours donner à x deux valeurs a et $a+h$, assez rapprochées pour que

$$f(a+h) - fa < \varepsilon,$$

h étant déterminé convenablement, et ε étant une quantité aussi petite que l'on voudra.

En effet,

$$f(a+h) - fa = h\left(f'a + \frac{f''a}{1.2}h + \text{etc.}\ldots\right) < hm\text{P},$$

en représentant par P le plus grand coefficient de h, et supposant $h < 1$.

Il suffira donc que

$$mPh \overset{=}{<} \varepsilon, \quad \text{d'où} \quad h \underset{=}{<} \frac{\varepsilon}{mP}.$$

Donc, etc...

COROLLAIRE.

Il suit de là qu'une fonction entière à coefficients réels qui prend des valeurs positives et négatives pour certaines valeurs de la variable, doit nécessairement pouvoir devenir nulle.

THÉORÈME III.

Toute fonction entière à une seule variable, à coefficients réels ou imaginaires, peut toujours devenir nulle pour une valeur de la variable de la forme

$$a + b\sqrt{-1},$$

a *et* b *étant des quantités réelles convenablement choisies.*

Soit $fx = A_0x^m + A_1x^{m-1} + \ldots + A_m$, il s'agit de faire voir qu'il existe toujours une valeur

$$x = a + b\sqrt{-1} = \rho(\cos\varphi + \sqrt{-1}\sin\varphi),$$

qui donne

$$f(a + b\sqrt{-1}) = f[\rho(\cos\varphi + \sqrt{-1})\sin\varphi] = 0.$$

Pour cela substituons à la place de x sa valeur, et supposons que l'on ait en général

$$A_p = \rho_p(\cos\theta_p + \sqrt{-1}\sin\theta_p),$$

on aura

$$f[\rho(\cos\varphi + \sqrt{-1}\sin\varphi)] = \rho_0\rho^m[\cos(m\varphi + \theta_0) + \sqrt{-1}\sin(m\varphi + \theta_0)] + \text{etc...}$$
$$= P + Q\sqrt{-1},$$

en posant

$$P = \rho_0\rho^m\cos(m\varphi + \theta_0) + \rho_1\rho^{m-1}\cos[(m-1)\varphi + \theta_1] + \text{etc...}$$
$$Q = \rho_0\rho^m\sin(m\varphi + \theta_0) + \rho_1\rho^{m-1}\sin[(m-1)\varphi + \theta_1] + \text{etc...}$$

Il suffira donc de montrer que $P^2 + Q^2$, le module de l'expression, peut devenir nul; pour cela nous allons démontrer qu'il est absurde de supposer que $P^2 + Q^2$, quantité essentiellement positive, ait un minimum autre que zéro.

En effet, supposons que pour la valeur particulière

$$x = x_1 = \rho(\cos\varphi + \sqrt{-1}\sin\varphi),$$

cette quantité prenne une valeur minimum différente de zéro, et posons $x = x_1 + h$, on aura

$$f(x_1 + h) = f(x_1) + f'(x_1)h + \frac{f''(x_1)}{1.2}h^2 + \text{etc.}\ldots$$
$$= P + Q\sqrt{1} + h(P_1 + Q_1\sqrt{-1}) + h^2(P_2 + Q_2\sqrt{-1}) + \text{etc.}\ldots$$

Maintenant si l'on pose

$$h = r(\cos\psi + \sqrt{-1}\sin\psi),$$

et si on représente par $R + S\sqrt{-1}$ le résultat définitif, on aura

$$R = P + r(P_1\cos\psi - Q_1\sin\psi) + r^2(P_2\cos 2\psi - Q_2\sin 2\psi) + \text{etc.}\ldots$$
$$S = Q + r(P_1\sin\psi + Q_1\cos\psi) + r^2(P_2\sin 2\psi + Q_2\cos 2\psi) + \text{etc.}\ldots$$

d'où

$$R^2 + S^2 = P^2 + Q^2 + 2[(PP_1 + QQ_1)\cos\psi - (PQ_1 - QP_1)\sin\psi]r + Kr^2$$

en désignant par K le coefficient de r^2 dans toute la suite.

Or le coefficient de r ne peut être nul, quel que soit ψ; car pour cela il faudrait que

$$PP_1 = -QQ_1, \quad \text{et} \quad PQ_1 = QP_1,$$

d'où, en multipliant membre à membre,

$$P^2P_1Q_1 = -Q^2Q_1P_1,$$

d'où

$$P^2 + Q^2 = 0,$$

ce qui est contre l'hypothèse.

On pourra donc toujours déterminer ψ de manière que ce coefficient soit négatif. Supposons-le égal à $-H^2$, on pourra écrire

$$R^2 + S^2 = P^2 + Q^2 - r(H^2 - K_1r),$$

K_1 étant ce que devient K pour la valeur particulière de ψ. Maintenant il est évident que l'on peut toujours faire r assez petit pour que le produit $K_1 r$ soit plus petit que H^2; par suite, pour une valeur de r convenable, on aura

$$R^2 + S^2 < P^2 + Q^2.$$

Donc P^2+Q^2 ne peut être un minimum ; donc tant que ce module ne sera pas nul il existera une valeur de x, $x_1 + h$, qui conduira à un module plus petit ; donc ce module ne peut avoir d'autre minimum que zéro.

Donc le théorème est démontré.

REMARQUE.

Il pourrait se faire que $f'(x_1)$, $f''(x_1)$, etc... fussent nulles pour la valeur particulière x ; mais il est certain que la dernière ne le sera pas ; et si plusieurs étaient nulles, il suffirait de changer les indices des quantités P_1 et Q_1, et la démonstration se ferait de même.

COROLLAIRE I.

Il suit de là évidemment, que toute fonction entière à une variable x est divisible par un facteur de la forme $x-a$, a étant une quantité quelconque ; donc il n'y a que les fonctions du premier degré à une variable qui puissent être des quantités premières.

COROLLAIRE II.

Toute fonction de degré m est décomposable en m facteurs du premier degré.

En effet, soit fx la fonction donnée, on aura

$$f(x) = (x-a) f_1(x).$$

Or $f_1(x)$ sera une fonction du $(m-1)^{\text{ième}}$ degré qui pourra aussi s'écrire

$$f_1(x) = (x-b) f_2 x,$$

et ainsi de suite ; donc

$$f(x) = A_0 (x-a)(x-b)(x-c)\ldots(x-l).$$

Les quantités a, b, c, etc..., l étant en nombre m ; et comme une fonction entière ne peut se décomposer que d'une seule manière en facteurs premiers, il s'ensuit qu'il n'y a que ces m facteurs.

THÉORÈME IV.

Deux fonctions entières qui deviennent égales pour m + 1 *valeurs différentes de la variable*, m *étant le degré le plus élevé des deux fonctions, doivent être identiques.*

En effet, soient $F(x)$ et $f(x)$ les deux fonctions entières jouissant de la propriété énoncée ; si on les retranche, la différence

$$F(x) - f(x),$$

devra être nulle pour $m + 1$ valeurs différentes. Cette fonction devrait donc admettre $m + 1$ diviseurs du premier degré; ce qui ne peut pas être, puisqu'elle est au plus du degré m. Donc il faut qu'elle soit nulle d'elle-même ; c'est-à-dire, que les deux fonctions données soient identiques.

REMARQUE.

Si les coefficients des deux premiers termes étaient égaux, il suffirait que les deux fonctions eussent des valeurs égales pour m valeurs différentes de la variable; car alors la différence $Fx - fx$ est au plus du degré $m - 1$.

APPENDICE DU LIVRE V.

Des radicaux algébriques.

Dans les transformations que nous avons faites sur les radicaux dans le *livre II*, nous avons toujours supposé que ces radicaux n'avaient qu'une seule valeur; mais d'après ce que nous venons d'exposer ils en ont autant, algébriquement parlant, qu'il y a d'unités dans leur indice. Nous allons donc nous proposer de reconnaître si ces transformations peuvent encore subsister, c'est-à-dire, si les membres des égalités qui les constituent ont le même nombre de valeurs, et si ces valeurs sont respectivement égales.

Des valeurs multiples des radicaux considérés dans le calcul.

1. La transformation principale repose sur l'égalité

$$\sqrt[m]{a}.\sqrt[m]{b}=\sqrt[m]{a.b}.$$

Or il est évident que toute valeur du premier membre est une racine m^e du produit a, b, puisqu'en élevant cette valeur à la puissance m^e on retrouve ab; de plus, le premier membre a m valeurs différentes : donc, etc....

On voit, d'après cela, qu'une valeur quelconque de $\sqrt[m]{a}$ multipliée par toutes les valeurs de $\sqrt[m]{b}$ donnera toutes les valeurs de $\sqrt[m]{ab}$; c'est ce qui résulte immédiatement des considérations présentées précédemment sur les valeurs multiples des radicaux; car nous avons, en désignant par α la première racine de l'unité, par a_1 et b_1 les racines arithmétiques de a et de b,

$$\sqrt[m]{a}=a_1\alpha,\quad a_1\alpha^2,\quad a_1\alpha^3\ldots a_1\alpha^m,$$

$$\sqrt[m]{b}=b_1\alpha,\quad b_1\alpha^2,\quad b_1\alpha^3\ldots b_1\alpha^m,$$

d'où on déduit les m valeurs de $\sqrt[m]{ab}$ par la multiplication d'un des termes de l'une des suites par tous les termes de l'autre.

2. On démontrerait de la même manière que l'on a toujours

$$\frac{\sqrt[m]{a}}{\sqrt[m]{b}}=\sqrt[m]{\frac{a}{b}}.$$

3. Examinons maintenant l'égalité

$$(\sqrt[m]{a})^n=\sqrt[m]{a^n}.$$

Toutes les valeurs du premier membre sont bien des racines m^{es} de a^n ; la démonstration arithmétique de l'égalité le montre ; mais il est important de voir si elles s'y trouvent toutes.

Or, si on représente toujours par a_1 la valeur arithmétique du radical, toutes les valeurs de $\sqrt[m]{a}$ élevées à la puissance n^e, seront :

$$a_1^n\alpha^n,\quad a_1^n\alpha^{2n},\ldots a_1^n\alpha^{m.n}.$$

Maintenant, pour que l'égalité soit vraie, il faut que toutes les valeurs soient différentes ; ce qui exige, comme nous l'avons vu précédemment (livre V, page 80), que m et n soient premiers entre eux.

Si m et n avaient un plus grand commun diviseur, c'est-à-dire, si l'on avait

$$m = m'd,\quad n = n'd,$$

le premier membre n'a plus m valeurs différentes. Il n'en a plus que m', car en élevant les racines α^1, α^2.... à la puissance n, on ne reproduit que les racines m'^e de l'unité ; en effet, si on prend la formule des racines m^{es} de l'unité, on aura, dans ce cas :

$$(\sqrt[m]{1})^n = \cos\frac{2kn'\pi}{m'} + \sqrt{-1}\sin\frac{2kn'\pi}{m'},$$

en supprimant d facteur commun, expression qui n'a que m' valeurs différentes. On aura donc :

$$(\sqrt[m]{a})^n = \sqrt[m']{a^{n'}}.$$

Si m était un multiple de n, il suffirait de faire $d = n$, ce qui donnerait

$$(\sqrt[m]{a})^n = \sqrt[m']{a}.$$

Enfin, si n était un multiple de m, il suffirait de faire $d = m$, ce qui donnerait

$$(\sqrt[m]{a})^n = a^{n'};$$

ce qui est évident *à priori*.

4. On voit de même que l'on a toujours

$$\sqrt[m]{\sqrt[n]{a}} = \sqrt[m.n]{a}.$$

car le premier membre a nécessairement $m.n$ valeurs différentes ; et toutes les valeurs de ce premier membre sont des $m.n^{es}$ de a ; donc, etc.

5. Enfin, il nous reste à examiner la réduction des radicaux au même indice qui conduit à la transformation

$$(1)\qquad \sqrt[m]{a}.\sqrt[n]{b} = \sqrt[mn]{a^n.b^m}.$$

Par la démonstration arithmétique, on voit toujours que toutes les valeurs du premier membre sont des valeurs du deuxième : il reste à voir si le nombre en est le même.

Pour cela il suffit de voir si toutes les valeurs que l'on peut déduire du premier membre, et qui sont en nombre $m.n$, sont différentes; ou, ce qui revient au même, si en multipliant toutes les racines m^{es} de l'unité par *toutes les racines* n^{es}; on aura des produits différents.

Or, une racine m^e quelconque est donnée par la formule

$$\cos\frac{2k\pi}{m}+\sqrt{-1}\sin\frac{2k\pi}{m},$$

k étant au plus égal à m.

De même une racine n^e est donnée par

$$\cos\frac{2h\pi}{n}+\sqrt{-1}\sin\frac{2h\pi}{n},$$

k étant au plus égal à n.

Donc une valeur quelconque du produit sera

$$\cos 2\left(\frac{k}{m}+\frac{h}{n}\right)\pi+\sqrt{-1}\sin 2\left(\frac{k}{m}+\frac{h}{n}\right)\pi.$$

Et pour que deux valeurs puissent être égales, il faudrait que l'on eût

$$\frac{k-k'}{m}+\frac{h-h'}{n}=\text{un nombre entier.}$$

$k-k'$ est au plus égal à $m-1$, $h-h'$ à $n-1$; donc ce nombre entier ne peut être que l'unité; il faudrait donc que l'on eût

$$n(k-k')+m(h-h')=mn;$$

ce qui ne pourra avoir lieu si m et n sont premiers entre eux, car $h-h'$ devrait être divisible par n; ce qui est absurde, puisque cette différence est toujours numériquement plus petite que n; donc l'égalité (1) subsistera lorsque m et n seront premiers entre eux. Dans le cas où m et n ne seraient pas premiers entre eux, il y aurait des valeurs égales.

Mais alors en appelant d le plus grand commun diviseur entre m et n, on pourra poser

$$m=m'.d,$$
$$n=n'.d;$$

d'où

$$\sqrt[m]{a}=\sqrt[m.d]{a}=\sqrt[d]{\sqrt[n']{a}},$$
$$\sqrt[n]{b}=\sqrt[n'.d]{b}=\sqrt[d]{\sqrt[n']{a}}.$$

Donc,

$$\sqrt[m]{a}.\sqrt[n]{b}=\sqrt[m'd]{a}\times\sqrt[n'.d]{b}=\sqrt[d]{\sqrt[m']{a}}\times\sqrt[d]{\sqrt[n']{b}},$$

d'après le n° 3. Maintenant, par les n°s 1 et 4, on a

$$\sqrt[d]{\sqrt[m']{a}} \times \sqrt[d]{\sqrt[n']{a}} = \sqrt[d]{\sqrt[m']{a}.\sqrt[n']{b}} = \sqrt[d.m'.n']{a^{n'}.b^{m'}}.$$

Donc, en prenant pour indice commun le plus petit multiple des indices, l'égalité subsistera encore, en laissant aux radicaux toute leur généralité.

Des fonctions dérivées de fonctions composées entières.

Des fonctions dérivées des fonctions entières composées.

Il arrive souvent, dans les applications de l'algèbre, que l'on a à chercher les fonctions dérivées de fonctions entières, composées de fonctions entières; nous allons exposer quelques théorèmes qui permettent d'arriver à déterminer les fonctions dérivées sans être obligé d'effectuer les calculs indiqués; mais il ne faudra pas perdre de vue que ces démonstrations ne s'appliquent, au point où nous en sommes, qu'à des fonctions entières.

THÉORÈME I.

Dérivées d'une somme algébrique.

La fonction dérivée d'une somme est égale à la somme des dérivées de ses parties.

Soit

$$f(x) = \mathrm{A} + \mathrm{B} + \mathrm{C} + \text{etc}\ldots$$

A, B, C, ... étant des fonctions entières de x.

On obtiendra la fonction dérivée en cherchant les coefficients de la première puissance d'une variation quelconque h attribuée à la quantité x. Si donc on suppose qu'en substituant $x + h$ dans les quantités A, B, C, etc. ... on ait :

$$\mathrm{A} + \mathrm{A}'h + \mathrm{A}''.\frac{h^2}{2} + \text{etc.}$$

$$\mathrm{B} + \mathrm{B}'h + \mathrm{B}''.\frac{h^2}{2} + \text{etc}\ldots$$

on a en faisant la somme

$$f(x+h) = (\mathrm{A} + \mathrm{B} + \ldots) + (\mathrm{A}' + \mathrm{B}' + \text{etc}\ldots)h + \text{etc}\ldots$$

donc,

$$f'(x) = \mathrm{A}' + \mathrm{B}' + \text{etc}\ldots$$

Il est clair ici qu'il s'agit d'une somme algébrique.

Exemple.

$$f(x) = (3x^2 + 5x) + (x^5 - 3) - (x^7 + x^6),$$
$$f'(x) = (6x + 5) + 5x^4 - (7x^6 + 6x^5).$$

THÉORÈME II.

La fonction dérivée d'un produit est égale à la somme des dérivées de chaque facteur multipliées respectivement par tous les autres. Dérivée d'un produit.

Ainsi, en supposant

$$f(x) = A.B.C.D, \text{ etc...}$$

on aura

$$f'(x) = A'.BC\ldots + B'.ACD\ldots + \text{etc.}$$

ce qui peut s'écrire aussi

$$\frac{f'(x)}{f(x)} = \frac{A'}{A} + \frac{B'}{B} + \frac{C'}{C} + \text{etc...}$$

En effet, en remplaçant x par $x+h$ dans $f(x)$, A, B, C, etc, on aura

$$f(x+h) = \left(A + A'h + A''\frac{h^2}{1.2} + \text{etc...}\right)\left(B + B'h + B''\frac{h^2}{1.2} + \text{etc...}\right)(C + C'h + \text{etc.})\ldots$$

$$\left.\begin{array}{l} = A.B.C\ldots + A'.B.C, \text{etc...} \\ \qquad\qquad\quad + B'.A.C, \text{etc...} \\ \qquad\qquad\quad + C'.A.B, \text{etc...} \end{array}\right| h + kh^2,$$

en représentant par k l'ensemble des termes qui multiplient h^2; donc

$$f'(x) = A'.B.C.D\ldots + B'.A.C.D\ldots + \text{etc...}$$

ou en divisant tous les termes par A . B . C . D... il vient :

$$\frac{f'(x)}{f(x)} = \frac{A'}{A} + \frac{B'}{B} + \text{etc...}$$

Ce qu'il fallait démontrer.

COROLLAIRE I.

Si tous les facteurs sont égaux, c'est-à-dire, si l'on a par exemple :

$$f(x) = A^m,$$

on aura

$$f'(x) = mA^{m-1}.A',$$

puisque chaque terme de la somme précédente se réduit à

$$A^{m-1}.A'.$$

On voit d'après cela que pour prendre le polynôme dérivé d'un polynôme élevé à une puissance, il faut opérer comme si ce polynôme ne formait qu'un terme, et multiplier le résultat par son polynôme dérivé.

Exemple.

$$f(x) = (3x^2 + x^3)^5,$$
$$f'(x) = 5(3x^2 + x^3)^4\,(6x + 3x^2).$$

COROLLAIRE II.

Réciproquement, si l'on veut prendre la fonction dérivée des racines indiquées, en supposant toutefois qu'elle soit exacte, on aura

$$f(x)=\sqrt[m]{A}, \quad \text{ou} \quad [f(x)]^m = A;$$

donc,

$$m[f(x)]^{m-1}.f'(x) = A',$$

et par suite

$$f'(x)=\frac{A'}{m[\sqrt[m]{A}]^{m-1}}=\frac{1}{m}.A^{\frac{1}{m}-1}.A'.$$

Ce qui conduit à la même règle en employant les exposants fractionnaires. Dans le cas d'une racine carrée, on a

$$f'(x)=\frac{A'}{2.\sqrt{A}},$$

ce qui donne un énoncé facile.

COROLLAIRE III.

La dérivée d'un quotient indiqué, mais supposé exact, peut aussi s'obtenir aisément; car supposons que l'on ait

$$f(x)=\frac{A}{B},$$

on aura

$$A = B \times f(x);$$

d'où

$$A' = B' \times f(x) + f'(x).B,$$

et par suite

$$f'(x)=\frac{A'-B'f(x)}{B}=\frac{A'.B-B'.A}{B^2}.$$

Donc la dérivée d'un quotient est égale à la dérivée du numérateur, multipliée par le dénominateur, moins la dérivée du dénominateur multipliée par le numérateur, le tout divisé par le carré du dénominateur.

REMARQUE.

Tous les théorèmes que nous venons d'exposer s'étendent à des fonctions quelconques, et sont d'un emploi continuel dans l'analyse supérieure; on doit donc s'attacher à se familiariser avec leurs énoncés.

Des différences de différents ordres des fonctions entières.

THÉORÈME.

Si on forme les puissances m^{es} *d'une suite de nombres consécutifs, que l'on prenne les différences entre ces puissances, les différences entre ces différences, et ainsi de suite* m *fois, les* m^{mes} *différences seront constantes et égales à* 1. 2. 3...., m.

Des différences 2e, 3e, 4e.... entre les 2e, 3e, 4e, etc... puissances.

En effet, considérons d'abord les carrés de $a+1$, $a+2$, $a+3$...

$$a^2 \quad (a+1)^2 \quad (a+2)^2 \quad (a+3)^2 \quad \text{etc...}$$

Pour passer de la première différence à la seconde, il suffit de changer a en $a+1$. On aura donc le tableau suivant :

a^2....$(a+1)^2$..........$(a+3)^2$.........$(a+4)^2$...

1re diff.....$2a+1$.....$2(a+1)+1$.....$2(a+2)+1$.....$2(a+3)+1$...

2e diff.............2..............2...............2

En raisonnant de la même manière, on aura pour les cubes :

a^3........$(a+1)^3$..............$(a+2)^3$..............$(a+3)^3$...

1re diff..$3a^2+3a+1$....$3(a+1)^2+3(a+1)+1$..$3(a+2)^2+3(a+2)+1$.

2e diff...........$6(a+1)$..............$6(a+2)$..............$6(a+3)$.

3e diff........................6...................6.

Cela posé, représentons par $\Delta_1, \Delta_2, \Delta_3 \ldots \Delta_m$ les différences premières, deuxièmes, troisièmes, m^{mes}, entre les puissances m^{mes} de nombres entiers consécutifs quelconques.

On passera de la différence entre deux nombres, à la différence entre les deux suivants en changeant dans la première a en $a+1$. On aura alors

$$\begin{cases} \Delta_1 = (a+1)^m - a^m = ma^{m-1} + \dfrac{m(m-1)}{1.2}a^{m-2} + \dfrac{m(m-1)(m-2)}{1.2.3}a^{m-3} + \text{etc...} \\ \Delta_1' = (a+2)^m - (a+1)^m = m(a+1)^{m-1} + \dfrac{m(m-1)}{1.2}(a+1)^{m-2} + \text{etc...} \end{cases}$$

$$\begin{cases} \Delta_2 = \Delta'_1 - \Delta_1 \quad m(m-1)a^{m-2} + \text{etc...} \\ \Delta'_2 = \Delta''_1 - \Delta'_1 \quad m(m-1)(a+1)^{m-2} + \text{etc...} \end{cases}$$

$$\begin{cases} \Delta_3 = \Delta'_2 - \Delta_2 \quad m(m-1)(m-2)a^{m-3} + \text{etc...} \\ \Delta'_3 = \Delta''_2 - \Delta'_2 \quad m(m-1)(m-2)(a+1)^{m-3} + \text{etc...} \end{cases}$$

On voit donc que les premiers termes de chaque différence sont successivement multipliés par les nombres m, $m-1$, $m-2$, etc..., et que les puissances de a vont en décroissant d'une unité à chaque opération. Par suite à la m^{me} on aura :

$$\Delta_m = \Delta'_{m-1} - \Delta_{m-1} = m(m-1)(m-2)\ldots 1 . a^0.$$

Et comme en changeant a en $a+1$, le dernier facteur conserve la valeur constante 1, il s'ensuit que toutes les différences m^{es} sont égales au produit des m premiers nombres

$$\Delta_m = 1.2.3\ldots m.$$

REMARQUE I.

Il suit de là qu'il serait facile de déterminer, par de simples additions, les puissances m^{es} des nombres si l'on connaissait les m premières.

Exemple 1.

Pour les cubes

	1 »	8 »	27 »	64	125	216	etc...
Δ_1	7 »	19 »	37	61	91	127	etc...
Δ_2	12 »	18	24	30	36	42	etc...
Δ_3	6	6	6	6	6	6	etc...
	1	2	3	4	5	6	...

Chaque colonne commence inférieurement par 6, et chaque terme s'obtiendra en ajoutant les deux termes précédents dans la colonne précédente.

Formons de même une table des quatrièmes puissances.

=	1 »	16 »	81 »	256 »	625	1196	2401	4096	6561
Δ_1 =	15 »	65 »	175 »	369	671	1105	1695	2465	3439
Δ_2 =	50 »	110 »	194	302	434	590	770	974	1002
Δ_3 =	60 »	84	108	132	156	180	204	228	252
Δ_4 =	24	24	24	24	24	24	24	24	24
	1	2	3	4	5	6	7	8	9

et ainsi de suite.

On voit que le triangle primitif une fois formé, il est très-facile de reproduire toutes les autres puissances.

REMARQUE II.

On peut déduire de là un moyen analogue d'avoir les résultats des substitutions de nombres successifs dans un polynôme contenant des puissances entières de x et des coefficients entiers. Il suffit pour cela de connaître les résultats obtenus par les m premiers nombres, si m est la plus haute puissance de x dans le *polynôme*.

Soit, par exemple :

$$fx = x^4 - 2x^3 + x - 1.$$

Mettons successivement 1, 2, 3, 4, dans ce polynôme, on aura

$$\begin{array}{r|l}
 & f(1) \;\text{»}\; f(2) \;\text{»}\; f(3) \;\text{»}\; f(4) \;\text{»}\; f(5) = f(4) + \Delta_1''' \\
f2 - f1 = & \Delta_1 \;\text{»}\; \Delta'_1 \;\text{»}\; \Delta''_1 \;\text{»}\; \Delta'''_1 = \Delta''_1 + \Delta''_2 \\
\Delta'_1 - \Delta_1 = & \Delta_2 \;\text{»}\; \Delta'_2 \;\text{»}\; \Delta''_2 = \Delta'_3 + \Delta'_2 \\
\Delta'_2 - \Delta_2 = & \Delta_3 \;\text{»}\; \Delta'_3 = \Delta_3 + 24
\end{array}$$

$$\Delta_4 = 1.2.3.4 = 24.$$

Si on effectue, on aura

$$\begin{array}{l|lllll}
f(1) = & -1 \;\text{»}\; & f(2) = 1 \;\text{»}\; & f(3) = 29 \;\text{»}\; & f(4) = 131 \;\text{»}\; & 379 \quad 759 \\
\Delta_1 & 2 \;\text{»} & 28 \;\text{»} & 102 \;\text{»} & 248 \;\text{»} & 480 \\
\Delta_2 & 26 \;\text{»} & 74 \;\text{»} & 146 & 242 & \\
\Delta_3 & 48 \;\text{»} & 72 & 96 & & \\
\Delta_4 & 24 & 24 & & &
\end{array}$$

donc $f(5) = 379$. $f(6) = 759$ etc...

Soit encore

$$fx = x^3 - 3x - 10.$$

On a

$$f1 = -12. \quad f2 = -8. \quad f3 = 8.$$

Par suite on peut former le tableau suivant :

$$\begin{array}{llllllll}
f. & -12 \;\text{»} & -8 \;\text{»} & 8 \;\text{»} & 42 & 100. & \text{etc...} \\
\Delta_1 & 4 \;\text{»} & 16 \;\text{»} & 34 \;\text{»} & 58. & \text{etc...} & \\
\Delta_2 & 12 \;\text{»} & 18 & 24 & \text{etc...} & & \\
\Delta_3 & 6 & 6 & \text{etc...} & & &
\end{array}$$

donc $f(4) = 45$. $f(6) = 106$ etc...

On voit donc combien peut être utile ce procédé de substitution lorsqu'on a une longue série de nombres consécutifs à substituer dans une fonction, ce qui se présente, comme nous le verrons plus tard, dans la résolution des équations numériques.

REMARQUE III.

Dans la suite des substitutions on peut obtenir, dans la fonction de x que l'on considère, une suite de nombres positifs ou négatifs; mais les deux dernières lignes horizontales ne contiendront jamais que des nombres positifs ; donc la troisième, à partir de la rangée des différences égales, se composera de nombres allant en croissant. En général, dès que dans une ligne les termes sont positifs et croissants, dans la ligne supérieure ils le sont également.

REMARQUE IV.

Il suit, de la remarque précédente, que les lignes finiront, d'après la forme du calcul, par contenir des termes positifs, et qu'à partir d'une certaine valeur tous les nombres que l'on écrira seront positifs et croissants. Par conséquent dans la fonction primive il arrivera que l'on sera conduit, à partir d'un certain endroit de cette ligne, à des nombres constamment positifs et croissants, d'où il résulte ce théorème :

Dans toute fonction entière de x *il existe toujours un nombre entier tel, que mis à la place de* x, *il donne un résultat positif et tel que tout nombre entier plus grand donne un résultat positif et de plus en plus grand à mesure que le nombre que l'on substitue est plus grand.*

REMARQUE V.

Si l'on représente par $\Delta_{1,m}$ la différence première entre deux puissances m^{es}, par $\Delta_{2,m}$, la différence seconde de trois puissances m^{es}, et en général par $\Delta_{n,m}$ la différence n^e de $n+1$ puissances m^{es}, et si l'on désigne par $f(x)$ un polynôme entier par rapport à x, et par a, $a+1$, $a+2$, $a+3$, etc... une série de nombres consécutifs quelconques, en prenant les différences successives de

$$fx = A_0x^m + A_1x^{m-1} + A_2x^{m-2} + \dots$$

on aura

$$\begin{cases} \Delta_1 = f(a+1) - fa = A_0\Delta_{1,m} + A_1\Delta_{1,m-1} + A_2\Delta_{1,m-2} + A_3\Delta_{1,m-3} + \dots \\ \Delta'_1 = f(a+2) - f(a+1) = A_0\Delta'_{1,m} + A_1\Delta'_{1,m-1} + A_2\Delta'_{1,m-2} + A_3\Delta'_{1,m-3} + \dots \end{cases}$$

$$\begin{cases} \Delta_2 = \Delta'_1 - \Delta = A_0\Delta_{2,m} + A_1\Delta_{2,m-1} + A_2\Delta_{2,m-2} + \dots \\ \Delta'_2 = \Delta''_1 - \Delta'_1 = A_0\Delta'_{2,m} + A_1\Delta_{2,m-1} + A_2\Delta'_{2,m-2} + \dots \end{cases}$$

En général,

$$\Delta_n = A_0\Delta_{n,m} + A_1\Delta_{n,m-1} + A_2\Delta_{n,m-2} + \text{etc}\dots$$

Or, les différences des puissances de l'ordre marqué par l'indice de ces puissances étant constantes, les différences de l'ordre suivant sont nulles. Donc, si on suppose $m = n + p$, Δ_n aura $p+1$ termes, dont le dernier sera égal à $\Delta_{n.n}$ ou $1, 2, 3\dots n$ multiplié par le coefficient du $p+1$ terme de la fonction supposée complète.

On aura donc

$$\Delta_n = A_1\Delta_{n,m} + A_1\Delta_{n,m-1} + \dots + A_{m-n}\cdot\Delta_{n,n}$$

ou

$$\Delta_n = A_0\Delta_{n,m} + A_1\Delta_{n,m-1} + \dots + 1.2.3\dots n.A_{m\ n}.$$

De là il suit que si on fait

$n = m$, on a

$$\Delta_m = 1.2.3\dots m.A_0.$$

Lorsque la fonction a pour coefficient de son premier terme l'unité, $\Delta_m = 1.2.3\dots m$, c'est-à-dire, que la différence m d'une fonction de m^e degré est constante et égale à $1.2.3\dots m$. Ce fait était presque évident d'après la forme du calcul ; mais cette notation le rend encore plus évident.

On aura aussi en faisant $n = m - 1$, $m - 2$...

$$\Delta_{m-1} = A_0\Delta_{m-1,m} + A_1\Delta_1 . 1.2.3...(m-1).$$
$$\Delta_{m-2} = A_0\Delta_{m-2,m} + A_1\Delta_{m-2,m-1} + A_2 . 1.2.3...(m-2);$$

et ainsi de suite. Il sera donc très-facile de former ces différences en partant de la dernière au moyen des différences des puissances des nombres consécutifs.

Si l'on construisait les tables des différences des puissances deuxième, troisième, quatrième... des nombres, le calcul des substitutions successives deviendrait très-symétrique; une fois le calcul fait des différences Δ_1, Δ_2, Δ_3, Δ_4, ... Δ_m, de simples additions conduiraient au résultat.

Exemple I.

$x^3 - 5x^2 + 7x - 1 = fx$	1.	8	27.	1.	4.
$\Delta_3 = 6$	7.	19.		3.	
$\Delta_2 = 12 - 5.2 = 2$	12.			2.	
$\Delta_1 = 7 - 5.3 + 7.1 = -1$	6.				
$f(1) = 1 - 5 + 7 - 1 = 2.$					

Différences de la fonction.

Δ_3	6.	6.	6.	6.	etc...
Δ_2	2.	8.	14.	20.	etc...
Δ_1	− 1.	1.	9.	23.	etc...
$f.$	2.	1.	2.	11.	etc...

donc $f(1) = 2$ $f(2) = 1$ $f(3) = 2$ $f(4) = 11$ $f(5) = 34.$ etc...

Exemple II.

$$x^4 - 4x^3 + 12x^2 - 24x + 30 = fx.$$

Diff. 4°

1.	16.	81.	256.	1.	8.	27.	1.	4.	$\Delta_4 =$	24.
15.	65.	175.		7.	19.		3.		$\Delta_3 =$	36.
50.	110.			12.			2.		$\Delta_2 =$	26.
60.				6.					$\Delta_1 =$	− 1.
24.									$f1 =$	15.

Différences de la fonction.

Δ_4	24.	24.	24.	24.	etc...
Δ_3	36.	60.	84.	108.	etc...
Δ_2	26.	62.	122.	206.	etc...
Δ_1	− 1.	25.	87.	209.	etc...
$f.$	15.	14.	39.	126.	etc...

donc $f1 = 15$ $f2 = 14$ $f3 = 39$ $f4 = 126$ etc...

LIVRE VI.

OU L'ON TRAITE DES ÉQUATIONS D'UN DEGRÉ QUELCONQUE ;
DE L'ÉLIMINATION ; DE LA RÉSOLUTION DES ÉQUATIONS A PLUSIEURS INCONNUES ;
ET DE L'ABAISSEMENT DES ÉQUATIONS.

I.

Des équations à une seule inconnue.

THÉORÈME I.

Toute équation $f(x) = 0$ *a autant de racines qu'il y a d'unités dans son degré, et n'en a pas davantage.*

Des équations d'un degré quelconque à une seule inconnue, à coefficients quelconques réels ou imaginaires.

En effet, nous avons vu dans le livre précédent que le premier membre $f(x)$ ne pouvait se décomposer que d'une seule manière, en facteurs premiers du premier degré ; par conséquent on aura

$$f(x) = A_0(x-a)(x-b)(x-c)\ldots(x-l) = 0,$$

dont le premier membre s'annulera pour les valeurs $x = a$, b, c, etc..., l, et il n'y aura que ces racines, puisque $f(x)$ ne peut devenir nulle qu'autant qu'un de ses facteurs le devient aussi.

COROLLAIRE .

Toute équation qui n'a que des racines *égales* et *de signes contraires* ne contient que des termes de degré pair.

En effet, le premier membre peut alors se mettre sous la forme

$$(x-a)(x+a)(x-b)(x+b)\ldots = (x^2-a^2)(x-b^2)\ldots = 0.$$

Réciproquement, si l'équation ne contient que des termes de degré pair, elle aura ses racines égales deux à deux et de signes contraires, car dans une fonction ne contenant que des termes de degré pair, si on substitue des quantités égales et de signes contraires, on arrive au même résultat.

COROLLAIRE II.

Si deux équations ont des racines communes, leurs premiers membres admettent un plus grand commun diviseur égal au produit des facteurs binômes correspondant aux racines communes; et réciproquement, s'il existe un commun diviseur entre les premiers membres de deux équations, elles admettent pour racines communes toutes les racines de ce commun diviseur égalé à zéro.

REMARQUE I.

Parmi les facteurs $x-a$, $x-b$, $x-c$, etc..., il peut s'en trouver d'égaux; on dit alors que la racine correspondante est double, triple, etc., si le facteur entre à la deuxième, troisième, etc., puissance. Donc si on a

$$f(x)=(x-a)^3\,(x-b)^2\,(x-c),$$

la racine a sera dite racine triple, et la racine b double.

REMARQUE II.

Composition des coefficients d'une équation au moyen de ses racines.

On peut toujours supposer que le coefficient du premier terme d'une équation est égal à l'unité, puisqu'on peut diviser tous les termes d'une équation par un nombre sans changer les racines (livre III); par suite on aura, en supposant,

$$fx=x^m+A_1x^{m-1}+A_2x^{m-2}+\text{etc}\ldots+A_m=(x-a)(x-b)\ldots(x-l);$$

d'où, en effectuant et identifiant,

$$A_1=-(a+b+c+\text{etc}\ldots),$$
$$A_2=-(ab+ac+\text{etc}\ldots),$$
$$A_3=-(abc+acd+\text{etc}\ldots+l);$$

et ainsi de suite.

Le dernier terme A_m sera égal au produit des racines pris avec son signe, si l'équation est de degré pair, et pris en signe contraire si l'équation est de degré impair, ce qui peut s'écrire :

$$A_m = (-1)^m . a . b . c . d \ldots l.$$

On voit donc que l'équation étant supposée complète :

1° Le coefficient du second terme est égal à la somme des racines prises en signe contraire.

2° Le coefficient du troisième terme est égal à la somme des produits deux à deux des racines.

3° Le coefficient du quatrième terme est égal à la somme des produits trois à trois prise en signe contraire.

Et ainsi de suite.

REMARQUE III.

Les coefficients A_0, A_1, etc..., A_m sont des fonctions des racines qui ne changent pas lorsqu'on remplace une racine par une autre, et réciproquement. En général, toute fonction de plusieurs lettres qui ne change pas lorsqu'on remplace ces lettres l'une par l'autre, et réciproquement, est dite une fonction *symétrique* de ces lettres.

Ainsi,

$$x + y, \quad x^2y + y^2x, \quad a^2b + a^2c + b^2c + c^2b + b^2a + c^2a,$$

sont des fonctions *symétriques*, les deux premières de x et y, la dernière de a, b et c.

SCOLIE.

Il suit, de ce qui précède, que l'on peut aisément former une équation lorsqu'on donne ses racines, soit en faisant le produit des facteurs binômes correspondants, soit en formant les coefficients d'après la loi donnée dans la *remarque II*.

Ainsi, soit à former une équation ayant pour racines les nombres 2, 3 et 4, en représentant par fx son premier membre, on aura

$$fx=(x-2)(x-3)(x-4)=x^3\begin{array}{r|r|l} -2 & x^2+\ 6 & x-24=x^3-9x^2+26x-24. \\ -4 & +\ 8 & \\ -3 & +12 & \end{array}$$

L'équation $x^3-9x^2+26x-24=0$ aurait donc pour racines les trois nombres donnés.

On peut aussi exprimer facilement qu'une équation a une racine égale à un nombre donné; il suffit pour cela de substituer le nombre à la place de x dans le premier membre de l'équation, et d'assujettir les coefficients à satisfaire à la condition résultante.

Ainsi, soit l'équation

$$A_0x^m+A_1x^{m-1}+A_2x^{m-2}+\ldots+A_{m-1}x+A_m=0;$$

si on veut que le nombre a soit racine, il faut que l'on ait

$$A_0a^m+A_1a^{m-1}+\text{etc.}\ldots=0.$$

Souvent on a à exprimer qu'une équation admet pour racine zéro. Il faut alors que son dernier terme $A_m=0$. Si on voulait exprimer qu'elle a une seconde racine égale à zéro, il faudrait que $A_{m-1}=0$, et ainsi de suite.

On considère aussi dans les équations des racines *infinies*, parce qu'il arrive que dans les problèmes certaines solutions dans des hypothèses particulières tendent vers une limite qui peut devenir plus grande que toute quantité donnée; pour déterminer la condition nécessaire pour que l'équation précédente ait une racine *infinie*, divisons tous les termes par x^m, et mettons l'équation sous la forme

$$A_0+\frac{A_1}{x}+\frac{A_2}{x^2}+\frac{A_3}{x^3}+\ldots+\frac{A_m}{x^m}=0.$$

A mesure que x augmente, tous les termes, excepté le premier, convergent vers zéro. Donc, pour que x puisse devenir infini, il faut que $A_0=0$; pour exprimer qu'une seconde racine est égale à l'infini, il faudrait de même que $A_1=0$; et ainsi de suite.

THÉORÈME II.

En cherchant à déterminer les racines d'une équation d'après la composition de ses coefficients, on est conduit à la résolution de l'équation primitive.

En effet, les relations qui existent entre les racines et les coefficients sont en nombre m s'il y a m racines dans l'équation. Or, si par un moyen quelconque, on arrive à l'équation

$$\varphi(a)=0,$$

qui doit déterminer la racine a par exemple, puisque les équations sont symétriques par rapport aux racines, en faisant les mêmes calculs pour déterminer une autre racine b, on retrouverait l'équation précédente dans laquelle la racine a serait changée en b, ou

$$\varphi(b)=0;$$

et ainsi de suite.

Donc l'équation $\varphi(x)=0$ donnerait une racine quelconque, et devrait admettre toutes les racines a, b, c, etc..., l; donc elle ne serait autre que l'équation proposée.

REMARQUE I.

On peut arriver facilement à cette équation par le calcul. Prenons, en effet, pour plus de simplicité, une équation du troisième degré, et désignons ses trois racines par a, b, c; nous aurons :

$$x^3+A_1x^2+A_2x+A_3=0,$$

d'où

$$\begin{aligned} A_1 &= -a-b-c, \\ A_2 &= ab+ac+bc, \\ A_3 &= -abc; \end{aligned}$$

d'où, en multipliant la première par a^2, la deuxième par a, et les ajoutant toutes trois,

$$\begin{aligned} A_1a^2 &= -a^3-ba^2-ca^2, \\ A_2a &= ba^2+cb^2+bca, \\ A_3 &= -abc, \end{aligned}$$

$$\overline{A_1a^2+A_2a+A_3=-a^3}, \quad \text{ou} \quad a^3+A_1a^2+A_2a+A_3=0,$$

c'est-à-dire, l'équation proposée dans laquelle on a remplacé x par a. Donc, etc.

REMARQUE II.

Le théorème précédent montre que la composition de coefficients ne conduit pas à une équation plus simple que l'équation proposée pour la détermination des racines. Cependant, de cette composition on déduit une foule de conséquences qui servent à la résolution des équations. Les principales sont l'objet des théorèmes suivants.

LEMME.

La fonction dérivée d'une fonction entière est égale à la somme des quotients de la fonction par ses diviseurs premiers.

De sorte que si

$$f(x) = (x-a)(x-b)\ldots(x-l),$$

$$f'(x) = \frac{f(x)}{x-a} + \frac{f(x)}{x-b} + \ldots + \frac{f(x)}{x-l}.$$

En effet, si on remplace x par $x+h$, on sait que le coefficient de la première puissance de h est la fonction dérivée; or on a

$$f(x+h) = (x+h-a)(x+h-b)\ldots(x+h-l) = (h+\overline{x-a})(h+\overline{x-b})\ldots(h+\overline{x-l});$$

donc,

$$f'(x) = (x-b)(x-c)\ldots(x-l) + (x-a)(x-c)\ldots(x-l) + \text{etc.}\ldots$$
$$= \frac{f(x)}{x-a} + \frac{f(x)}{x-b} + \ldots + \frac{f(x)}{x-l};$$

ce qu'il fallait démontrer.

REMARQUE I.

Dans le cas où il y aurait des racines égales, on aurait par exemple:

$$f(x) = (x-a)^p (x-b)^q (x-c)^r (x-d)\ldots(x-l),$$

et par suite :

$$f'x = \left(\frac{f(x)}{(x-a)} + \frac{f(x)}{(x-a)} \ldots p \text{ fois}\right) + \left(\frac{f(x)}{x-b} + \frac{f(x)}{(x-b)} + \ldots q \text{ fois}\right) + \text{etc.}\ldots$$

ou

$$f'(x) = p\frac{f(x)}{x-a} + q\frac{f(x)}{x-b} + \text{etc.}\ldots = p(x-a)^{p-1}(x-b)^q(x-c)^r\ldots + q(x-a)^p(x-b)^{q-1}\ldots$$

REMARQUE II.

La forme précédente de $f'(x)$ montre que dans le cas où il y a des racines égales dans l'équation proposée, il existe un plus grand commun diviseur

$$D = (x-a)^{p-1}\,(x-b)^{q-1}\,(x-c)^{r-1},$$

entre $f(x)$ et $f'(x)$. Il est clair que ce diviseur commun est bien le plus grand commun diviseur, puisque ce dernier doit être formé des facteurs $(x-a)$, $(x-b)$... pris dans $f(x)$, et que les plus fortes puissances de ces facteurs contenues dans $f'(x)$ sont $p-1$, $q-1$, et $r-1$.

THÉORÈME III.

Des fonctions symétriques.

Toute fonction symétrique des racines d'une équation peut s'exprimer au moyen des coefficients de cette équation.

Pour cela nous allons démontrer, 1° que les sommes des puissances semblables des racines peuvent toujours s'exprimer au moyen des coefficients; 2° qu'une fonction symétrique quelconque peut s'exprimer au moyen des sommes des puissances semblables. Soit alors

$$f(x) = x^m + A_1 x^{m-1} + A_2 x^{m-2} + \ldots + A_m = 0,$$

l'équation donnée dont les racines seront représentées par

$$a,\ \ b,\ \ c, \ldots l,$$

on aura:

$$f'x = \frac{f(x)}{x-a} + \frac{f(x)}{x-b} + \ldots + \frac{f(x)}{x-l}.$$

Effectuant, on aura:

$$mx^{m-1} + (m-1)A_1 x^{m-2} + (m-2)A_2 x^{m-3} \ldots + A_{m-1} = \begin{array}{l|l|l} x^{m-1} + A_1 & x^{m-2} + A_2 & x^{m-3} + \ldots + A_{m-1} \\ \phantom{x^{m-1}} + a & \phantom{x^{m-2}} + A_1 a & \phantom{x^{m-3} + \ldots} + A_{m-2} a \\ & \phantom{x^{m-2}} + a & \phantom{x^{m-3} + \ldots} \vdots \\ & & \phantom{x^{m-3} + \ldots} + a^{m-1} \\ + x^{m-1} + A_1 & x^{m-2} + A_2 & x^{m-3} + \ldots + A_{m-1} \\ \phantom{x^{m-1}} + b & \phantom{x^{m-2}} + A_1 b & \phantom{x^{m-3} + \ldots} + A_{m-2} b \\ & \phantom{x^{m-2}} + b^2 & \phantom{x^{m-3} + \ldots} \vdots \\ & & \phantom{x^{m-3} + \ldots} + b^{m-1} \\ + \text{etc.} \ldots & & \end{array}$$

D'où, en faisant la somme et posant en général $S_p = a^p + b^p + \ldots + l^p$,

$$mx^{m-1}+(m-1)A_1x^{m-2}+(m-2)A_2x^{m-3}\ldots+A_{m-1}=mx^{m-1}+\left.\begin{array}{l}mA_1\\+s_1\end{array}\right|x^{m-2}+\left.\begin{array}{l}mA_2\\+A_1s_1\\+s_2\end{array}\right|x^{m-3}+\text{etc.}\ldots+\begin{array}{l}mA_{m-1}\\+A_{m-2}s_1\\+A_{m-3}s_2\\ \vdots\\+s_{m-1}\end{array}$$

Ce qui conduit, en identifiant, aux équations suivantes :

$$\begin{array}{l}
s_1 + A_1 = 0,\\
s_2 + A_1 . s_1 + 2A_2 = 0,\\
s_3 + A_1 . s_2 + A_2 . s_1 + 3A_3 = 0,\\
\vdots\\
s_{m-1} + A_1 . s_{m-2} + A_2 . s_{m-3} + \ldots + (m-1)A_{m-1} = 0.
\end{array}$$

Maintenant, pour les sommes d'un indice supérieur, on a :

$$\begin{array}{lll}
a^m + A_1 a^{m-1} + \ldots + A_m = 0, & \text{d'où} & a^{m+p} + A_1 a^{m+p-1} + \ldots + A_m . a^p = 0,\\
b^m + A_1 b^{m-1} + \ldots + A_m = 0, & & b^{m+p} + A_1 b^{m+p-1} + \ldots + A_m . b^p = 0,\\
\vdots & & \vdots\\
l^m + A_1 l^{m-1} + \ldots + A_m = 0, & & l^{m+p} + A_1 l^{m+p-1} + \ldots + A_m . l^p = 0.
\end{array}$$

Et en ajoutant ces dernières équations

$$s_{m+p} + A_1 s_{m+p-1} + \text{etc.} \ldots + A_m . s_p = 0.$$

Si l'on fait alors $p = 0$, 1, 2, 3, etc..., on aura les sommes des puissances semblables d'un degré quelconque. On pourrait aussi donner à p des valeurs négatives, ce qui conduirait à des sommes de puissances négatives.

Il nous reste maintenant à faire voir comment on peut exprimer une fonction symétrique quelconque au moyen des sommes précédentes ; pour cela considérons une somme

$$a^\alpha . b^\beta . c^\gamma \ldots l^\lambda + \ldots = s(a^\alpha . b^\beta . c^\gamma \ldots l^\lambda).$$

Si l'on multiplie entre elles les sommes

$$\begin{array}{l}
s_\alpha = a^\alpha + b^\alpha + \ldots + l^\alpha,\\
s_\beta = a^\beta + b^\beta + \ldots + l^\beta,\\
\vdots\\
s_\lambda = a^\lambda + b^\lambda + \ldots + l^\lambda,
\end{array}$$

on aura :

$$\begin{aligned} s_\alpha . s_\beta . s_\gamma \ldots s_\lambda = & \, a^{\alpha+\beta+\gamma\ldots+\lambda} + b^{\alpha+\beta+\ldots+\lambda} + \text{etc.} \ldots \\ & + a^{\alpha+\gamma+\ldots+\lambda} . b^\beta + \text{etc.} \ldots + a^{\alpha+\ldots\lambda} . b^{\beta+\gamma} + \text{etc.} \ldots \\ & + a^{\alpha+\ldots} . b^\beta . c^\gamma + \text{etc.} \ldots + a^{\alpha+\ldots} . b^{\beta+\delta} . c^\gamma + \text{etc.} \ldots \\ & \vdots \\ & + a^\alpha . b^\beta . c^\gamma \ldots l^\lambda + a^\beta . b^\alpha . c^\gamma \ldots l^\lambda + \text{etc.} \ldots \end{aligned}$$

Or, la première ligne est égale à $s_{\alpha+\beta+\gamma+\ldots+\lambda}$; la deuxième contient la somme de fonctions symétriques où chaque terme ne contient que deux lettres; la troisième, la somme de fonctions symétriques où il n'entre que trois lettres dans chaque terme, et ainsi de suite. La dernière ligne est égale à la somme cherchée.

Si donc on multiplie successivement deux, trois, etc... sommes, on déterminera la fonction symétrique dont chaque terme contiendra deux, trois, etc... lettres.

Par exemple, pour déterminer $s(a^\alpha . b^\beta)$, on s'arrêtera aux deux premières lignes, et on ne prendra que les deux premières sommes: ce qui donnera :

$$s_\alpha . s_\beta = s_{\alpha+\beta} + s(a^\alpha . b^\beta), \quad \text{d'où} \quad s(a^\alpha . b^\beta) = s_\alpha . s_\beta - s_{\alpha+\beta}.$$

Pour déterminer $s(a^\alpha . b^\beta . c^\gamma)$, on aura :

$$s_\alpha . s_\beta . s_\gamma = s_{\alpha+\beta+\gamma} + s(a^{\alpha+\beta} . b^\beta) + s(a^{\beta+\gamma} . b^\alpha) + s(a^{\alpha+\beta} . b^\gamma) + s(a^\alpha . b^\beta . c^\gamma),$$

ou, en se servant de l'égalité précédente,

$$s_\alpha . s_\beta . s_\gamma = s_{\alpha+\beta+\gamma} + s_\alpha . s_{\beta+\gamma} - s_{\alpha+\beta+\gamma} + s_\alpha . s_{\beta+\gamma} - s_{\alpha+\beta+\gamma} + s_\gamma . s_{\alpha+\beta} - s_{\alpha+\beta+\gamma} + s(a^\alpha . b^\beta . c^\gamma),$$

et par suite,

$$s(a^\alpha . b^\beta . c^\gamma) = s_\alpha . s_\beta . s_\gamma + 2s_{\alpha+\beta+\gamma} - s_\alpha . s_{\beta+\gamma} - s_\beta . s_{\alpha+\gamma} - s_\gamma . s_{\beta+\alpha};$$

et ainsi de suite.

Donc le théorème est démontré.

REMARQUE I.

Si dans les égalités précédentes on supposait $\alpha = \beta = \gamma$, etc., il faudrait faire attention que dans la multiplication, la somme en $a^\alpha . b^\alpha$ serait doublée, puisque $a^\alpha . b^\beta$ deviendrait égal à $a^\alpha . b^\beta$; de même la somme en $a^\alpha . b^\beta . c^\gamma$ serait sextuplée, et en général une somme contenant p lettres se trouverait répétée autant de fois que l'on peut faire de permutations avec p quantités. Ainsi, on aurait :

$$2s(a^\alpha . b^\alpha) = s_\alpha - s_{2\alpha},$$
$$6s(a^\alpha . b^\alpha . c^\alpha) = s_\alpha^3 + 2s_{3\alpha} - 3s_\alpha . s_{2\alpha};$$

et ainsi de suite.

REMARQUE II.

Si l'on fait dans l'hypothèse précédente $\alpha = 1$, on devra retomber sur les équations qui lient les coefficients de l'équation aux sommes des puissances semblables des racines; car alors on a

$$s_1 = -A_1, \quad s(a.b) = A_2, \quad s(a.b.c) = -A_3, \text{ etc...}$$

Or, si l'on remplace, on a :

$$2A_2 = s_1^2 - s_2 = -A_1.s_1 - s_2, \quad \text{ou} \quad s_2 + A_1 + 2A_2 = 0,$$
$$-6A_3 = s_1^3 + 2s_3 - 3s_1.s_2 = 2s_3 + s_1(s_1^2 - s_2) - 2s_1.s_2,$$
$$= 2s_3 + 2A_2.s_1 + 2A_1.s_2,$$

et par conséquent

$$s_3 + A_2.s_2 + A_2.s_1 + 3A_3 = 0;$$

et ainsi de suite.

De sorte que l'on retrouverait ainsi toutes les équations trouvées plus haut.

SCOLIE.

Il résulte du théorème précédent, qu'une équation étant donnée on pourra toujours en déduire une autre dont les racines seront des fonctions symétriques des racines de l'équation proposée; pour cela, on pourra, ou exprimer directement les coefficients de l'équation proposée, ou passer par l'intermédiaire des sommes des puissances semblables des racines de l'équation cherchée, que l'on cherchera à déterminer, au moyen des sommes des puissances semblables des racines de l'équation donnée.

Nous trouverons à la fin de ce livre, dans les problèmes qui s'y rattachent, l'application de ces considérations.

THÉORÈME IV.

Des équations à coefficients réels.

Toute équation à coefficients réels qui admet une quantité imaginaire pour racine, admet aussi la quantité conjuguée.

Ainsi, $\alpha + \beta\sqrt{-1}$ étant racine de $f(x)=0$, $\alpha - \beta\sqrt{-1}$ le sera aussi.

En effet, puisque $\alpha+\beta\sqrt{-1}$ est racine, on aura :

$$f(\alpha+\beta\sqrt{-1}) = \mathrm{P}+\mathrm{Q}\sqrt{-1}=0.$$

Ce qui exige, comme nous l'avons vu, que

$$\mathrm{P}=0, \quad \text{et} \quad \mathrm{Q}=0.$$

Maintenant si l'on substitue $\alpha-\beta\sqrt{-1}$ à la place de x, on aura :

$$f(\alpha-\sqrt{-1}) = \mathrm{P}-\mathrm{Q}\sqrt{-1}.$$

Car pour passer de la première substitution à celle-ci, il suffit de remplacer $\sqrt{-1}$ par $-\sqrt{-1}$; or, les termes qui composent P proviennent des termes contenant $\sqrt{-1}$ à des puissances paires ; donc en changeant $\sqrt{-1}$ en $-\sqrt{-1}$, ils ne changeront pas. Quant à ceux qui composent Q, ils étaient affectés des puissances impaires de $\sqrt{-1}$; ils changeront donc tous de signes.

Maintenant, P et Q étant nuls, on aura bien

$$f(\alpha-\beta\sqrt{-1})=0;$$

ce qu'il fallait démontrer.

REMARQUE.

Il est aisé de déterminer les quantités P et Q; car si on développe $f(\alpha+\beta\sqrt{-1})$ suivant les puissances de $\beta\sqrt{-1}$, on a :

$$f(\alpha+\beta\sqrt{-1}) = f(\alpha)+f'(\alpha).\beta\sqrt{-1}+f''(\alpha).\frac{(\beta\sqrt{-1})^2}{1.2}+\text{etc.}\ldots$$

$$=f(\alpha)+f'(\alpha).\beta\sqrt{-1}-f''(\alpha).\frac{\beta^2}{1.2}-f'''(\alpha)\frac{\beta^3.\sqrt{-1}}{1.2.3}+\text{etc.}\ldots$$

$$=\left(f(\alpha)-f''(\alpha)\frac{\beta^2}{1.2}+\text{etc.}\ldots\right)+\sqrt{-1}.\left(f'(\alpha).\beta-f'''(\alpha)\frac{\beta^3}{1.2.3}+\text{etc.}\ldots\right);$$

donc

$$\mathrm{P}=f(\alpha)-f'(\alpha).\frac{\beta^2}{1.2}+\text{etc.}\ldots$$

$$\mathrm{Q}=f'(\alpha).\beta-f''(\alpha).\frac{\beta^3}{1.2.3}+\text{etc.}\ldots$$

COROLLAIRE I.

Il suit de ce théorème que les racines imaginaires dans une équation à coefficients réels sont toujours en nombre pair; donc toute équation de degré impair a nécessairement au moins une racine réelle.

COROLLAIRE II.

Lorsqu'une équation du genre précédent admet pour racine $\alpha+\beta\sqrt{-1}$ et $\alpha-\beta\sqrt{-1}$, le premier membre est divisible par le produit des facteurs binômes correspondants, qui est de la forme

$$(x-\alpha-\beta\sqrt{-1})(x-\alpha+\beta\sqrt{-1})=(x-\alpha)^2+\beta^2.$$

Donc si on représente par a, b, c, etc... les racines réelles d'une équation, et par $\alpha\pm\beta\sqrt{-1}$, $\alpha'\pm\beta'\sqrt{-1}$, etc..., le premier membre d'une équation à coefficients réels pourra s'écrire :

$$(x-a)(x-b)\ldots[(x-\alpha)^2+\beta^2][(x-\alpha')^2+\beta'^2]\text{ etc}\ldots=0.$$

THÉORÈME V.

Toute équation à coefficients réels de degré impair a au moins une racine réelle de signe contraire à son dernier terme, et en général un nombre impair.

En effet, l'équation étant de degré impair a au moins une racine réelle, et son dernier terme est égal au produit des racines, pris en signe contraire; donc, en appelant ce dernier terme A_m, on aura :

$$A_m=-a.b.c\ldots(\alpha^2+\beta^2)(\alpha^2+\beta^2)(\alpha'^2+\beta'^2),\text{ etc}\ldots$$

Or le produit des racines imaginaires est essentiellement positif; il faut donc que le produit des racines réelles soit de signe contraire au dernier terme, c'est-à-dire, qu'il y en ait un nombre impair, de signe contraire à ce dernier terme, et par conséquent au moins une. Donc, etc.

THÉORÈME VI.

Toute équation à coefficients réels de degré pair dont le dernier terme est négatif, a un nombre pair de racines réelles, au moins deux, et par suite un nombre impair de racines positives et de racines négatives, et au moins une de chaque espèce.

En effet, le dernier terme étant négatif, il doit y avoir des racines réelles dans l'équation; et comme elle est de degré pair, le dernier terme est égal au produit des racines; donc,

$$A_m = a.b.c, \text{ etc.}\dots \quad (\alpha^2 + 6^2)\,(\alpha'^2 + 6'^2)\dots$$

Par suite le produit a, b, c, etc..., doit être négatif.

Or les racines réelles sont en nombre pair, puisque l'équation est de degré pair, et que les racines imaginaires sont toujours en nombre pair; donc il faut qu'il y ait dans le produit a, b, c... un nombre impair de quantités négatives, et par suite un nombre impair de quantités positives. Donc, etc...

THÉORÈME VII.

Lorsque deux nombres substitués à la place de x *dans le premier membre d'une équation à coefficients réels* f(x) = o *donnent des résultats de signes contraires, ils comprennent un nombre impair de racines de l'équation proposée, par conséquent au moins une.*

En effet, il est clair d'abord que l'équation a des racines réelles; car si toutes les racines de l'équation donnée étaient imaginaires, son premier membre serait décomposable en facteurs de la forme

$$(x - \alpha)^2 + 6^2,$$

et par conséquent, quel que soit le nombre substitué, le résultat serait toujours positif.

Cela posé, on pourra écrire

$$f(x) = (x - a)\,(x - b)\,(x - c)\,(x - d)\,(x - l)\,\varphi(x),$$

a, b, c, d, l, étant les racines réelles de l'équation, et $\varphi(x)$ représentant le produit des facteurs correspondants aux racines imaginaires; $\varphi(x)$ restant toujours positif, il faudra que les deux nombres substitués, p et q par exemple, donnent des résultats de signes contraires dans le produit des facteurs correspondants aux racines réelles; c'est-à-dire que l'on ait :

(1) $$(p-a)(p-b)(p-c)(p-d)(p-l) \gtrless 0.$$

(2) $$(q-a)(q-b)(q-c)(q-d)(q-l) \lessgtr 0.$$

Il faudra donc qu'il y ait un nombre impair de ces facteurs pris respectivement dans les produits (1) et (2), qui soient de signes contraires. Or, si on suppose les racines rangées par ordre de grandeur, les facteurs le seront aussi ; il y aura donc dans chacun des produits une suite de facteurs positifs et une suite de facteurs négatifs, ou réciproquement ; seulement le changement de signe, s'il y en a dans les suites, ne se fera pas au même facteur, et, d'après ce qui précède, il y aura un nombre impair de ces facteurs se suivant et se correspondant, de signes différents.

C'est-à-dire qu'on aura par exemple :

$$p-b>0, \quad p-c>0, \quad p-d>0,$$
$$q-b<0, \quad q-c<0, \quad q-d<0,$$

dont les deux nombres p et q comprendront un nombre impair de racines, et au moins une par conséquent.

REMARQUE I.

Il résulte évidemment, de la démonstration précédente, que si les nombres p et q donnaient des résultats de même signe, ils comprendraient un nombre pair de racines, ou n'en comprendraient pas.

REMARQUE II.

La démonstration précédente est indépendante de la grandeur des racines entre elles. S'il se trouve dans l'équation des racines égales, une racine double tombant entre deux nombres comptera pour deux racines, une racine triple pour trois, et ainsi de suite.

REMARQUE III.

Il suit du théorème précédent que, réciproquement, deux nombres comprenant un nombre impair de racines, substitués à la place de l'inconnue, donneront des résultats de signes contraires; car, s'ils conduisaient à des résultats de même signe, le nombre des racines comprises serait nul ou pair.

La réciproque est également vraie lorsque le nombre des racines comprises est pair.

REMARQUE IV.

Le théorème précédent peut aussi se démontrer en s'appuyant sur la continuité des fonctions entières (th. 2, liv. v, § II), et en remarquant que si l'on substitue des nombres variant d'une manière continue depuis p jusqu'à q, la fonction variant aussi d'une manière continue, devra, pour passer du positif au négatif, passer par zéro, pour une valeur au moins comprise entre les deux nombres donnés, puisqu'elle ne peut devenir infinie; il est aisé alors de compléter la démonstration.

THÉORÈME VIII.

Théorème de M. Sturm.

Si l'on représente par $X = 0$ *une équation à coefficients réels, et par* X' *le polynôme dérivé de son premier membre; si l'on fait sur* X *et* X' *les opérations que l'on fait sur deux polynômes pour chercher le plus grand commun diviseur entre eux, en ayant soin de changer les signes des restes successifs que l'on prend pour diviseurs; et si enfin on écrit la fonction* X, *sa fonction dérivée* X', *et les restes successifs changés de signes* $X_2, X_3, \ldots X_{n-1}, X_n, X_{n+1} \ldots X_m$ *sur une même ligne horizontale, on aura le nombre de racines différentes comprises entre deux nombres* p *et* q, p *étant plus petit que* q, *en substituant* p *et* q *dans la suite des fonctions précédentes, et comptant combien le résultat de la substitution de* p *contient de passages* du plus au moins *ou de* variations *de plus que le résultat de la substitution de* q.

Démonstration du théorème dans le cas où il n'y a pas de racines égales.

Examinons d'abord le cas où l'équation proposée n'a pas de racines égales; dans ce cas X_m est une quantité numérique.

On aura, d'après l'énoncé, en représentant par Q_1, Q_2, etc..., les quotients successifs,

$$(1)\quad \begin{cases} X = X' \cdot Q_1 - X_2, \\ X' = X_2 \cdot Q_2 - X_3, \\ \vdots \\ X_{n-1} = X_n \cdot Q_n - X_{n+1}, \\ \vdots \\ X_{m-2} = X_{m-1} \cdot Q_{m-1} - X_m. \end{cases}$$

Pour démontrer le théorème, nous allons établir qu'en substituant des nombres variant d'une manière continue depuis p jusqu'à q:

1° Deux fonctions consécutives ne peuvent être nulles en même temps;

2° Le changement de signe d'une fonction intermédiaire X', X_2, X_3, ... X_{m-1}, ou son passage par zéro, ne peut changer le nombre des variations présentées par la suite;

3° Le changement de signe de la fonction X fait perdre une variation à la suite.

Ces trois points établis, il est clair que la suite obtenue par la substitution de q contiendra autant de variations de moins que la suite correspondante à p, qu'il y aura de passages par zéro de la fonction X dans la suite des substitutions, ou, ce qui revient au même, de racines comprises entre p et q, puisque la dernière fonction X_m est numérique et ne peut changer de signe.

En premier lieu, deux fonctions consécutives ne peuvent être nulles; car, d'après les égalités (1), si X_{n-1} et X_n étaient nuls pour une même valeur de x, X_{n+1} le serait aussi; et en redescendant, on arriverait à $X_m = 0$, ce qui est absurde.

On voit de plus que pour une valeur de $x = a$, annulant X_n, les résultats des substitutions dans X_{n-1} et X_{n+1} sont de signes contraires; car l'égalité

$$X_{n-1} = X_n \cdot Q_n - X_{n-1},$$

se réduit à

$$X_{n-1} = -X_{n+1},$$

lorsqu'on fait $x = a$.

En second lieu, le changement de signe ou le passage par zéro d'une fonction intermédiaire ne peut changer le nombre des variations présentées par la suite ; c'est-à-dire que si $x = a$ annule X_n, la suite présentera le même nombre de variations que pour deux substitutions $a - h$, $a + h$, suffisamment rapprochées.

En effet, considérons les trois fonctions

$$X_{n-1}, \quad X_n, \quad X_{n+1},$$

et supposons que h soit assez petit pour que $a - h$ et $a + h$ ne comprennent pas de racines des équations

$$X_{n-1} = 0, \quad X_{n+1} = 0,$$

ce qui est toujours possible, puisque X_{n-1} et X_n, X_n et X_{n+1} n'ont pas de racines communes.

Si l'on substitue dans les trois fonctions $a - h$ à $a + h$, on aura, d'après la remarque précédente,

	X_{n-1}	X_n	X_{n+1},
$x = a - h$ ...	$\pm$ ...	$\pm$	$\mp$,
$x = a$	$\pm$ ...	o ...	$\mp$,
$x = a + h$	$\pm$ ...	$\pm$	ou $\mp$.

Donc, quelle que soit l'hypothèse que l'on fasse, les trois fonctions ne présenteront qu'une variation dans les trois cas ; seulement la variation peut changer de place.

Il nous reste donc à démontrer que la fonction X, par son évanouissement, fait disparaître une variation de la suite.

Pour cela, nous allons faire voir que X et X′ donnent des résultats de signes contraires pour une valeur $a - h$ suffisamment rapprochée d'une racine a de $X = 0$, et des résultats ayant le même signe pour une valeur $a + h$ suffisamment rapprochée.

En effet, nous avons, en posant $x = f(x)$,

$$f(a \mp h) = f(a) + h[\mp f'(a) + Ph],$$

P étant une certaine fonction de a et de h.

Mais, $f(a) = 0$; donc

$$f(a \mp h) = h(\mp f'(a) + Ph).$$

Or, on peut toujours prendre h assez petit pour que le signe du second membre soit de même signe que le premier terme $\pm f'(a)$ contenu dans la parenthèse; donc $f(a-h)$ et $f'(a)$ auront des signes différents, et $f(a+h)$ et $f'(a)$ le même signe.

Maintenant on peut toujours supposer h assez petit pour qu'il n'y ait pas de racines de $f'(x)=0$ comprises entre $a-h$ et $a+h$; c'est-à-dire pour que la fonction dérivée ait le même signe pour les trois substitutions de $a-h$, a, $a+h$ dans cette fonction, à la place de x; on aura donc:

$f(a-h)$, et $f'(a-h)$, de signes différents.
$f(a+h)$, et $f'(a+h)$, de mêmes signes.

Donc les deux fonctions présentent une variation avant d'atteindre une racine de $f(x)=0$, et n'en présentent plus après cette racine. Donc, il se perd une variation dans la suite, toutes les fois qu'on passe par-dessus une racine; donc, etc....

REMARQUE I.

Il est clair que si l'on trouvait une fonction jouissant de la même propriété que la fonction dérivée, c'est-à-dire, d'avoir un signe différent pour la substitution d'une quantité immédiatement au-dessous d'une racine, et d'avoir le même signe que la fonction pour une quantité immédiatement au-dessus de cette racine, on pourrait la substituer à la fonction dérivée dans les calculs

REMARQUE II.

Si on arrive, par la suite des opérations, à un reste qui ne change pas de signe, quelque valeur que l'on mette à la place de la variable, ce reste pourra jouer le même rôle que la fonction X_m, supposée numérique, et l'on pourra s'arrêter à ce reste pour appliquer le théorème.

REMARQUE III.

Démonstration Dans le cas où il y aurait des racines égales; alors X_m sera algébrique et égal, comme nous l'avons vu, au produit des facteurs binômes correspondants aux racines multiples, élevés chacun à une puissance moindre d'une unité que dans le premier membre de l'équation donnée. Si on divise toutes les fonctions par ce plus grand commun diviseur, on aura : du théorème dans le cas où l'équation a des racines égales.

$$X = X_m . V, \quad X' = X_m . V_1, \quad X_2 = X_m . V_2, \text{ etc.} \ldots X_m = X_m .$$

Donc la suite

$$V, \quad V_1, \quad V_2, \ldots 1,$$

présentera le même nombre de variations que la suite primitive, pour la substitution d'un nombre quelconque, puisque X_m est le même dans les différents produits.

L'équation $V = 0$ donne toutes les racines différentes de l'équation $X = 0$.

Si donc la fonction V_1 peut remplacer la fonction V', le théorème sera démontré, puisque l'on a, en divisant les égalités (1) par X_m :

$$\begin{aligned} V &= V_1 \quad Q_2 \quad - V_2, \\ V_1 &= V_2 \quad Q_2 \quad - V_3, \\ &\vdots \\ V_{m-2} &= V_{m-1} . Q_{m-1} - 1. \end{aligned}$$

Or on a :

$$V_1 = \frac{X'}{X_m} = \frac{V}{x-a} + K(x-a),$$

K étant une fonction entière de x. Si on fait alors $x = a \mp h$, on a :

$$V_1 = \frac{V}{\mp h} \mp Kh = \frac{1}{h}(\mp V \mp Kh^2),$$

en supposant que l'on ait fait les substitutions dans V, V_1 et K. Maintenant, comme h peut toujours être pris assez petit pour que le signe de la quantité entre parenthèses soit le même que celui de son premier terme, V et V_1 seront de signes contraires pour $a - h$, et auront le même signe pour $a + h$; donc, d'après la *remarque* I, le théorème est vrai pour l'équation $V = 0$, et par suite pour l'équation $X = 0$, lorsqu'il y a des racines égales.

COROLLAIRE.

Théorème de Rolle.

Si on range les racines d'une équation $f(x)=0$ par ordre de grandeur, il y aura toujours un nombre impair de racines de l'équation $f'(x)=0$ comprises entre deux racines consécutives de l'équation.

Car supposons qu'il n'y ait pas de racines égales dans l'équation $f(x)=0$; si on désigne par x_1 et x_2 deux racines consécutives, et par h une quantité suffisamment petite, on aura, d'après ce qui a été dit dans le théorème précédent,

$f(x_1-h)\ldots\pm$	$f'(x_1-h)\ldots\mp$	
$f(x_1)\ldots\ldots 0$	$f'(x_1)\ldots\ldots\mp$	
$f(x_1+h)\ldots\mp$	$f'(x_1+h)\ldots\mp$	donc $f'(x_1)$ et $f'(x_2)$ sont *de*
$f(x_2-h)\ldots\mp$	$f'(x_2-h)\ldots\pm$	*signes différents.*
$f(x_2)\ldots\ldots 0$	$f'(x_2)\ldots\ldots\pm$	
$f(x_2+h)\ldots\pm$	$f'(x_2+h)\ldots\pm$	

Il suit de là que si toutes les racines de $f(x)=0$ sont réelles, celles de $f'(x)=0$ le sont aussi; et entre deux racines consécutives il n'en tombe qu'une de la dérivée.

La réciproque n'est pas vraie généralement; mais on peut déduire de là les conditions suffisantes pour que les racines d'une équation soient réelles, lorsque celles de son équation dérivée le sont. Supposons que l'on puisse trouver toutes les racines de $f'(x)=0$, elles seront en nombre $(m-1)$. Si donc on exprime qu'elles donnent successivement des résultats de signes contraires, et que la plus grande de toutes donne un résultat *négatif*, il sera certain qu'il y aura au moins $(m-2)$ racines réelles; mais la plus grande racine donnant un résultat négatif, on peut toujours trouver un nombre plus grand qui donne un résultat positif; il y en aura donc $m-1$ réelles au moins, et par suite m, puisqu'il ne peut pas y avoir une seule racine imaginaire dans une équation à coefficients réels.

On voit par là qu'il y a au plus $m-1$ conditions.

Prenons par exemple l'équation

$$x^3 + px + q = 0.$$

L'équation dérivée est :

$$3x^2 + p = 0.$$

Donc, déjà il faut que $p < 0$. La plus grande racine est $\sqrt{-\frac{p}{3}}$; il faut donc que l'on ait :

$$\left(\sqrt{-\frac{p}{3}}\right)^3 + p\sqrt{-\frac{p}{3}} + q < 0, \quad \text{ou} \quad \frac{2}{3}p\sqrt{-\frac{p}{3}} + q < 0,$$

$$\left(-\sqrt{-\frac{p}{3}}\right)^3 + p\sqrt{-\frac{p}{3}} + q > 0, \quad -\frac{2}{3}p\sqrt{-\frac{p}{3}} + q > 0,$$

ou en faisant le produit

$$q^2 + \frac{4}{27}p^3 < 0, \quad \text{ou} \quad 4p^3 + 27q^2 < 0.$$

Si l'on ne pouvait pas résoudre l'équation dérivée, on pourrait encore arriver à trouver des conditions suffisantes pour exprimer que toutes les racines de l'équation donnée sont réelles ; mais alors on est obligé de recourir à l'équation $f''(x) = 0$, et on est conduit à un nombre de conditions trop considérable.

SCOLIE.

Le théorème de M. *Sturm* permet aussi de déterminer des conditions suffisantes pour que les racines d'une équation soient réelles.

Pour cela, supposons que l'on ait écrit les fonctions successives

$$XX'X_2X_3 \ldots X_m.$$

Il suffit, en substituant deux nombres convenablement choisis, d'obtenir une différence des nombres de variations égale à m. Il faut donc alors qu'il ne manque pas de fonctions, c'est-à-dire, qu'elles soient en nombre $m+1$, et de plus, que le plus petit des deux nombres donne m variations, et que le plus grand n'en donne pas. Or, on peut toujours prendre un nombre négatif dont la valeur numérique soit suffisamment grande pour que les signes des substitutions dans chaque fonction soient les mêmes que ceux des premiers termes, et on peut trouver de même un nombre positif remplissant cette condition; donc, si tous les coefficients des premiers termes sont *positifs*, le premier donnera m variations, et le second n'en donnera pas; par suite, entre les deux nombres il tombera m racines réelles. Comme les deux premières fonctions ont leurs premiers termes positifs, il y aura au plus $m-1$ conditions.

Prenons comme précédemment l'équation

$$x^3+px+q=0.$$

On aura le calcul suivant pour déterminer les différentes fonctions.

1re opération.

$$\begin{array}{r|l} x^3+px+q & 3x^2+p \\ \cline{2-2} 3\ldots 3x^3+3px+3q & x \quad (*) \\ -3x^3-px & \\ \hline \text{Reste}\ldots\ 2px+3q & \\ X_2=-2px-3q & \end{array}$$

2e opération.

$$\begin{array}{r|l} 3x^2+p & -2px-3q \\ \cline{2-2} 4p^2\ldots 12p^2x^2+3p^3 & -6px+9q \\ -12p^2x^2-18pqx & \\ +18pqx+27q^2 & \\ \hline \text{Reste}\ldots\ 4p^3+27q^2 & \\ X_3=-(3p^3+27q^2). & \end{array}$$

Les fonctions seront :

$$x^3+px+q, \quad 3x^2+p, \quad -2px-3q, \quad -(4p^3+27q^2).$$

Il suffira donc que $4p^3+27q^2$ soit *négatif*, ce qu'on avait déjà trouvé.

THÉORÈME IX.

Toute équation à coefficients entiers, dont le coefficient du premier terme est l'unité, ne peut pas avoir de racines fractionnaires.

En effet, soit une équation

$$x^m+A_1x^{m-1}+A_2x^{m-2}+\ldots+A_m=0,$$

A_1, A_2, etc.., A_m étant des nombres entiers. Si cette équation pouvait avoir pour racine un nombre fractionnaire $\frac{\alpha}{\beta}$, on aurait:

(*) Il est à remarquer que dans les opérations, si l'on veut se débarrasser des dénominateurs, on ne doit multiplier que par des quantités essentiellement positives, de manière à ne pas altérer les signes des restes.

$$\frac{\alpha^m}{\beta^m} + A_1 . \frac{\alpha^{m-1}}{\beta^{m-1}} + \text{etc.} \ldots + A_m = 0,$$

d'où

$$\frac{\alpha^m}{\beta} + A_1 . \alpha^{m-1} + A_2 . \beta\alpha^{m-2} \ldots + A_m . \beta^{m-1} = 0.$$

Or on peut toujours supposer $\frac{\alpha}{\beta}$ irréductible; par suite $\frac{\alpha^m}{\beta}$ le sera, et on aurait :

$$\frac{\alpha^m}{\beta} = - A_1\alpha^{m-1} + \text{etc.} \ldots$$

ou une quantité fractionnaire égale à un nombre entier, ce qui est absurde.

THÉORÈME X.

Tout nombre entier qui satisfait à une équation à coefficients entiers, doit être un diviseur du dernier terme.

Soit l'équation à coefficients entiers,

$$A_0 x^m + A_1 x^{m-1} + A_2 x^{m-2} + \ldots + A_{m-2} x^2 + A_{m-1} x + A_m = 0,$$

et a le nombre entier qui y satisfait, on aura :

$$(1) \quad A_0 a^m + A_1 a^{m-1} + A_2 a^{m-2} + \ldots + A_{m-2} a^2 + A_{m-1} a + A_m = 0\,;$$

ce qui exige que a divise A_m.

COROLLAIRE.

Si l'on divise le dernier terme par a, et que l'on ajoute le quotient au coefficient précédent A_{m-1}, la somme doit être divisible par a; car si on divise tous les termes de l'égalité (1) par a, on a :

$$A_0 a^{m-1} + A_1 a^{m-2} + \ldots + A_{m-2} a + \left(A_{m-1} + \frac{A_m}{a}\right) = 0.$$

$\frac{A_m}{a}$ étant entier, il faut nécessairement que $A_{m-1} + \frac{A_m}{a}$ le soit aussi.

De même, si on divise cette somme par a, et qu'on ajoute le coefficient précédent A_{m-2}, la nouvelle somme doit être encore divisée par a, et ainsi de suite.

De sorte que l'égalité (1) peut se mettre sous la forme :

18.

$$\cfrac{\cfrac{\cfrac{\frac{A_m}{a} + A_{m-1}}{a} + A_{m-2}}{a} + A_{m-3}}{a} + \text{etc.} \ldots + A_0 = 0.$$

Chaque division partielle indiquée se suivant exactement, la réciproque est évidente; puisque tout nombre satisfaisant à ces conditions satisfait à l'équation

$$\cfrac{\cfrac{\frac{A_m}{x} + A_{m-1}}{x} + A_{m-2}}{x} + \text{etc.} \ldots + A_0 = 0,$$

qui n'est autre que l'équation proposée mise sous une autre forme.

THÉORÈME XI.

Si deux ou plusieurs nombres entiers sont racines d'une équation à coefficients entiers, leur produit doit diviser le dernier terme.

En effet, soient a, b, c, etc., des nombres entiers tels que l'on ait, en désignant par $f(x)$ l'équation donnée,

$$f(a) = 0, \quad f(b) = 0, \text{ etc.} \ldots$$

on devra avoir

$$f(x) = (x - a)(x - b)(x - c) \ldots \varphi(x).$$

Or, en divisant successivement $f(x)$, qui n'a que des coefficients entiers, par $x - a$, $x - b$, etc., a, b, c étant entiers (d'après la loi de formation des quotients), on n'introduit pas de coefficients fractionnaires; donc $\varphi(x)$ n'aura que des coefficients entiers, et par suite, si on représente son dernier terme par Q, on devra avoir :

$$A_m = \pm a.b.c \ldots Q,$$

A_m représentant toujours le dernier terme de l'équation.

THÉORÈME XII.

Tout nombre entier qui satisfait à une équation $f(x) = 0$ *à coeffi-*

cients entiers, augmenté d'un nombre entier h, *doit diviser le résultat de la substitution de* —h *dans le premier membre de l'équation, et, diminué de* h, *doit diviser le résultat de la substitution de* h.

En effet, si le nombre entier a satisfait à l'équation $f(x)$, on a :

$$f(x) = (x - a) . Q ;$$

d'où, en représentant par Q_1 le résultat de la substitution de $+h$ ou de $-h$ dans le quotient Q,

$$f(\pm h) = (\pm h - a)Q_1 = \mp(a \mp h)Q_1 ;$$

donc, etc...

THÉORÈME XIII.

Toute équation à coefficients réels qui n'a que des termes positifs ne peut avoir de racines positives, et toute équation complète dont les termes sont alternativement positifs et négatifs, ne peut avoir de racines négatives.

La première partie du théorème est évidente, car tout nombre positif conduira, par sa substitution à la place de x, à un résultat *positif*, par conséquent jamais *nul*. Quant à la seconde, il est clair que si l'on substitue un nombre *négatif*, tous les termes du premier membre de l'équation auront le *même signe;* donc, etc.

Lorsque deux termes ont des signes différents, on dit qu'ils présentent une *variation;* s'ils ont le même signe, qu'ils présentent une *permanence*. Aussi énonce-t-on souvent le théorème dont il s'agit, en disant : *Que toute équation qui n'offre que des permanences ne peut avoir de racines positives, et que toute équation complète qui n'offre que des variations ne peut avoir de racines négatives.*

AXIOMES.

1° *Dans une suite de termes commençant et finissant par des termes de mêmes signes, le nombre des variations est toujours pair; si la suite commence et finit par des termes de signes contraires, le nombre des variations est impair.*

2° *Dans une suite de termes complète, c'est-à-dire, dans laquelle les exposants de* x *vont en décroissant ou en croissant d'une unité, le nombre des variations, augmenté du nombre des permanences, est égal au nombre des termes moins un, ou, ce qui revient au même, à la différence des exposants de* x *dans les termes extrêmes.*

3° *Dans une suite complète, si on change* x *en* — x, *les variations se changent en permanences, et réciproquement.*

LEMME.

Dans une suite incomplète, le nombre des variations de la suite, augmenté du nombre de variations de la suite dans laquelle on change x *en* — x, *est au plus égal à la différence entre les exposants de* x *dans les termes extrêmes.*

En effet, si l'on complétait la suite en remplaçant les termes manquants par des termes de signes quelconques, il est clair que les nombres de variations dont on parle dans l'énoncé ne pourraient qu'augmenter, puisqu'on ne change rien aux termes existants. Or, dans la suite complète, le nombre des variations augmente le nombre des permanences, ou, ce qui revient au même, le nombre des variations de la transformée en $-x$, est égal à la différence des exposants des termes extrêmes; donc, etc...

THÉORÈME XIV.

Règle des signes de Descartes.

Dans une équation à coefficients réels f(x) = o, *le nombre des racines réelles et positives ne peut jamais surpasser le nombre de variations offertes par son premier membre* f(x), *et la différence entre ces deux nombres est toujours un nombre pair.*

En effet, représentons par $\varphi(x)$ le produit des facteurs correspondants aux racines *négatives* et aux racines *imaginaires*, on aura :

$$\varphi(x) = (x + a')(x + b')\ldots[(x - \alpha)^2 + \beta^2][(x - \alpha')^2 + \beta'^2]\ldots$$

$-a'$, $-b'$, etc....., étant les racines négatives, $\alpha \pm 6\sqrt{-1}$, $\alpha' \pm 6'\sqrt{-1}$... les racines imaginaires.

Cette fonction commencera et finira par deux termes positifs; donc elle contiendra toujours un nombre *pair* de variations, si elle en contient.

Supposons-la développée, on aura, par exemple, en mettant les signes en évidence:

$$\varphi(x) = x^p + Ax^{p-1} + \ldots + A'x^{q+1} - Bx^q - \ldots - B'x^{r+1} + Cx^r + \ldots + C'x + T.$$

Si on multiplie par... $x - a$... facteur correspondant à une racine *positive*,

on aura...

$$\begin{array}{l|l|l|l|l} x^{p+1} + A & x^p + \ldots - B & x^{q+1} \ldots + C & x^{r+1} \ldots + T & x \\ \phantom{x^{p+1}} - a & - A'a & \phantom{x^{q+1} \ldots} + B'a & \phantom{x^{r+1} \ldots} - C'a & - Ta. \end{array}$$

Or il est évident, à l'inspection du produit, que le nombre des variations y est aussi grand depuis le premier terme x^{p+1} jusqu'au terme en x, que dans le multiplicande, et que depuis ce terme jusqu'au dernier $-Ta$, il y a au moins une *variation*; donc le produit contient au moins une variation de plus que le multiplicande; donc, *lorsqu'on multiplie par un facteur binôme correspondant à une racine positive, on introduit au moins une variation de plus;* et par conséquent si l'on multiplie successivement $\varphi(x)$ par les facteurs correspondants aux racines *positives* pour former $f(x)$, le produit contiendra *au moins autant* de *variations* qu'on aura introduit de facteurs; ce qui démontre la première partie du théorème.

En second lieu, du terme x^{p+1} au terme en x^{q+1}, il y a un nombre impair de variations; et comme du terme en x^p au terme multiplicande il y a une variation du terme en x^{p+1} au terme en x^{q+1} dans le produit, il pourra se trouver un nombre *pair* de variations de plus; et comme on peut faire la même remarque pour tous les intervalles de ce genre, il s'ensuit que si le produit de $\varphi(x)$ par le facteur $(x - a)$ contient plus d'une variation de plus que cette fonction, il en contiendra un nombre pair; donc *la différence entre le nombre de variations offertes par le premier membre* f(x) *et le nombre des racines positives de l'équation*

$f(x) = 0$, *sera toujours un nombre pair*. Ce qui constitue la seconde partie du théorème.

COROLLAIRE I.

Le nombre des racines *négatives* de l'équation $f(x) = 0$ est au plus égal au nombre de variations offertes par le premier membre de l'équation transformée dont les racines seraient égales aux racines de la proposée prises en signes contraires ou $f(-x) = 0$.

En effet, les racines *positives* de cette nouvelle équation ne sont autres que les racines *négatives* de l'équation proposée.

COROLLAIRE II.

Si v représente le nombre de variations de $f(x)$, v' celui de $f(-x)$, et m le degré de l'équation, le nombre des racines *imaginaires* sera au moins égal à

$$m - (v + v').$$

En effet, le nombre des racines *réelles* est au plus égal à $v + v'$. Si l'équation est complète, $v + v'$ sera précisément égal au degré de l'équation.

THÉORÈME XV.

Dans toute équation à coefficients réels, s'il manque un nombre pair de termes entre deux termes consécutifs, il y a au moins un nombre égal de racines imaginaires.

En effet, soit l'équation

$$x^m + \ldots \pm Ax^p \pm Bx^{p-2k-1} \ldots + T = 0.$$

Puisque les termes $\pm Ax^p$, $\pm Bx^{p-2k-1}$ sont de parités différentes dans l'équation et dans sa transformée en $-x$, ils donneront une variation et pas davantage. De plus, d'après le *lemme* précédent, la somme des variations de l'équation et de sa transformée, de x^m à $\pm Ax^p$ et de $\pm Bx^{p-2k-1}$ à T sera au plus égale à $(m-p)+(p-2k-1)$; il y aura donc au plus

$$m - p + p - 2k - 1 + 1 = m - 2k,$$

variations ou *racines réelles;* donc au moins $2k$ *racines imaginaires*. Ce qu'il fallait démontrer.

Ce raisonnement se ferait exactement de la même manière s'il y avait plus d'une lacune de ce genre; il suffirait de considérer en même temps tous les termes de l'équation entre lesquels il manque un nombre *pair* de termes.

THÉORÈME XVI.

Dans toute équation à coefficients réels, lorsqu'il manque un nombre impair de termes entre deux termes consécutifs, 1° *si les deux termes ont le même signe, il y aura au moins autant de racines imaginaires dans l'équation que de termes manquants plus un;* 2° *si les deux termes ont des signes différents, il y au moins autant de racines imaginaires que de termes manquants moins un.*

En effet, soit l'équation

$$x^m + \ldots + Ax^p \pm Bx^{p-2k-2} \ldots + T = 0.$$

En premier lieu si les termes que l'on considère, entre lesquels il manque $2k+1$ termes, offrent une *permanence*, comme ils sont de *même parité*, dans l'équation et dans l'équation transformée en $-x$, ils ne donneront point de *variation*. Quant aux termes qui précèdent et qui suivent, ils donneront au plus $m-p$ et $p-2k-2$ variations; donc il y aura au plus

$$m - p + p - 2k - 2 = m - (2k + 2),$$

racines réelles; c'est-à-dire, au moins $2k+2$ racines *imaginaires*.

Dans le cas où les deux termes considérés offrent une *variation*, ils donneront lieu à *deux* variations, une dans l'équation, et l'autre dans la transformée en $-x$; donc il y aura au plus

$$(m - p) + 2 + (p - 2k - 2) = m - 2k,$$

racines réelles; c'est-à-dire, au moins $2k$ racines *imaginaires;* ce qui démontre la deuxième partie du théorème.

Si le nombre des lacunes de ce genre était supérieur à un, le raisonnement serait le même; il suffirait de considérer toutes les lacunes en même temps.

REMARQUE.

Ce théorème et le précédent sont indépendants l'un de l'autre, et peuvent s'appliquer en même temps; ainsi l'équation

$$x^{20} - x^{15} - x^{10} + x^{6} + x^{4} - x + 1 = 0,$$

a au moins

$$4 + 4 + 2 + 2 + 2 = 14,$$

THÉORÈME XVII.

Racines imaginaires.

Dans une équation de degré pair, le nombre des racines réelles ne peut jamais surpasser le nombre des termes moins deux; et dans une équation de degré impair, le nombre des racines réelles ne peut jamais surpasser le double du nombre des termes moins trois.

En effet, considérons d'abord une équation de degré pair; si l'on suppose qu'il y ait q termes, il y aura au plus dans l'équation $q - 1$ variations; et si on change x en $-x$, il y aura au plus $q - 1$ variations; donc il ne peut y avoir plus de $2(q - 1)$ racines réelles ou $2q - 2$.

Si maintenant l'équation est de degré *impair*, il s'y trouvera au plus $q - 1$ variations comme précédemment; mais si on change x en $-x$, le premier terme changera de signe, tandis que le dernier ne changera pas; il y aura au plus $q - 2$ variations; par suite il y aura au plus $2q - 3$ racines réelles.

COROLLAIRE.

Il suit de ce théorème :

1° Qu'une équation *binôme* de degré pair a au plus *deux racines réelles ;*

2° Qu'une équation *binôme* de degré impair a au plus *une racine réelle;*

3° Qu'une équation *trinôme* de degré pair a au plus *quatre racines réelles ;*

4° Qu'une équation *trinôme* de degré impair a au plus *trois racines réelles ;* et ainsi de suite.

Ces remarques ne sont avantageuses qu'autant que les quantités $2q - 2$ et $2q - 3$ sont inférieures au degré de l'équation.

THÉORÈME XVIII.

Dans toute équation dont toutes les racines sont réelles, le nombre des racines positives est égal au nombre des variations, et le nombre des racines négatives est égal au nombre des permanences si l'équation est complète, ou à ce nombre augmenté du nombre des termes manquants si l'équation est incomplète.

En effet, supposons d'abord l'équation *complète;* appelons v le nombre des *variations*, p celui des *permanences*, P le nombre des racines *positives*, et N le nombre des racines *négatives*, et m le degré de l'équation.

On aura, d'après ce qui précède:

$$m = v + p = P + N, \quad P \not> v, \quad N \not> p;$$

donc

$$P = v, \quad N = p.$$

Maintenant si l'équation est *incomplète*, d'après ce que nous avons vu, il ne pourra manquer qu'un terme entre deux termes consécutifs de *signes contraires*. Appelons i le nombre des termes manquants, et par conséquent le nombre des lacunes; à chacun de ces termes manquants correspondra une *variation;* si donc on représente par v le nombre des *variations*, et par p le nombre des *permanences*, le nombre total des *variations* de l'équation sera $v + i$, et le nombre des *variations*, lorsqu'on aura changé x en $-x$, $p + i$. Cela posé, le degré de l'équation est égal au nombre des termes, plus au nombre des termes manquants; c'est-à-dire que l'on a :

$$m = (v + i + p + i) = (v + i) + (p + i) = P + N,$$

en conservant à P et à N les mêmes significations que plus haut; et comme

$$P \not> v + i, \quad N \not> p + i,$$

il faudra que l'on ait

$$P = v + i, \quad N = p + i;$$

ce qu'il fallait démontrer.

REMARQUE GÉNÉRALE.

Les théorèmes précédents servent à la résolution des équations numériques, c'est-à-dire, à la résolution d'équations dont les coefficients sont numériques. On n'a pas trouvé jusqu'ici le moyen d'exprimer les racines d'une équation par des fonctions des coefficients, si ce n'est pour les équations des premier, deuxième, troisième et quatrième degrés. Nous avons trouvé ces formules pour les équations du premier et du deuxième degré; nous donnerons plus tard celles qui sont relatives aux équations du troisième et du quatrième degré.

Quoique les théorèmes précédents soient suffisants pour la recherche des racines d'une équation numérique d'un degré quelconque, nous allons, avant de résoudre cette question, donner des moyens pour la simplifier autant que possible.

II.

De l'élimination.

L'élimination est une opération qui a pour but de déterminer, au moyen de deux ou plusieurs équations données, une ou plusieurs équations entre un certain nombre de quantités désignées qui entrent dans les équations données; ces nouvelles équations n'étant satisfaites que par les valeurs des quantités restantes qui conviennent aux équations primitives; les quantités qui ont disparu dans les nouvelles équations, sont dites *éliminées*, ou, ce qui revient au même, on dit que l'on a fait l'*élimination* de ces quantités.

De l'élimination en général dans les nouvelles équations.

Par exemple, si l'on donne deux équations

$$f(a,\ b,\ c,\ d\ldots) = 0,\quad F(a,\ b,\ c,\ d\ldots) = 0$$

entre les quantités a, b, c, etc..., l'élimination de la quantité a consistera à déterminer une nouvelle relation déduite des deux premières qui ne contienne plus la quantité a, et dans laquelle les quantités b, c, d, etc..., auront conservé les mêmes valeurs que celles qu'elles étaient susceptibles de prendre primitivement.

Si l'on ne considère, pour simplifier, que deux quantités dans les deux fonctions données

$$f(x, y) = 0,\quad F(x, y) = 0,$$

il est clair que les quantités x et y sont liées entre elles d'une manière invariable, c'est-à-dire, que généralement x et y seront susceptibles de recevoir un nombre limité de valeurs. D'après le but de l'élimination, si on élimine x, par exemple, on obtiendra une équation

$$\varphi(y) = 0,$$

qui ne contiendra que les valeurs que y est susceptible de recevoir. La question de l'élimination ramène donc la résolution de deux équations à deux inconnues, à la résolution d'une équation à une inconnue.

Il est facile d'étendre ces considérations à un nombre quelconque d'inconnues, et l'on voit que la question de l'élimination comportera la question de résoudre un système d'équations quelconques contenant un nombre quelconque d'inconnues, ou, ce qui revient au même, à ramener la résolution de ces équations à la résolution d'équations ne contenant plus qu'une seule des quantités inconnues. Il y aura ensuite à chercher les valeurs des différentes valeurs des inconnues que l'on doit prendre ensemble. C'est ce que l'opération elle-même nous indiquera.

Élimination par résolution.

De l'élimination par résolution. Toutes les fois que l'on peut résoudre l'une des équations données par rapport à la quantité que l'on veut éliminer, l'opération se fait simplement; il suffit, pour cela, de tirer la valeur de la quantité en fonction des autres, et de porter cette valeur dans les autres équations.

Soit, par exemple, à éliminer a entre les deux équations

$$y = ax + b, \quad x^2 + y^2 = a^2 m.$$

De la première on tire

$$(1) \qquad a = \frac{y-b}{x}, \quad \text{d'où} \quad x^2 + y^2 = m\frac{(y-b)^2}{x^2}. \qquad (2)$$

L'équation (2) est indépendante de a, et, jointe à l'équation (1), on a un système d'équations remplaçant le système donné.

Maintenant si l'on donnait deux équations, telles que :

$$y + x - a = 0, \quad y^2 + xy - x^2 + b = 0,$$

et qu'on regardât x et y comme les inconnues, on aurait :

$$(1) \qquad y = a - x, \quad \text{d'où} \quad (a-x)^2 + (a-x)x - x^2 + b = 0. \qquad (2)$$

Cette dernière équation donnerait les valeurs de x, et, en les portant dans l'équation (1), on aurait les valeurs de y correspondantes.

Soient encore les deux équations

$$x^2 + y^2 - a^2 = 0, \quad x^2 + y^3 - 2a^3 + a^2 + a = 0,$$

entre lesquelles il s'agit d'éliminer a.

On peut résoudre la première par rapport à a; ce qui donne :

$a = \pm\sqrt{x^2+y^2}$, d'où $x^2+y^3 \mp 2(x^2+y^2)\sqrt{x^2+y^2}+x^2+y^2 \pm \sqrt{x^2+y^2} = 0$,
ou

$$2x^2 + y^3 + y^2 \mp [2(x^2+y^2) - 1]\sqrt{x^2+y^2} = 0.$$

On pourrait faire disparaître le radical en faisant passer le deuxième terme dans le second membre, et élevant au carré; ce qui conduirait à l'équation

$$(2x^2 + y^3 + y^2)^2 = [2(x^2 + y^2) - 1]^2 (x^2 + y^2).$$

On aurait pu aussi, par un petit artifice de calcul, ne pas introduire de radicaux, en remarquant que la deuxième équation donnée, peut s'écrire :

$$x^2 + y^3 - a(2a^2 - 1) + a^2 = 0; \quad \text{or} \quad x^2 + y^2 = a^2,$$

donc,

$$(x^2+y^3) - a[2(x^2+y^2) - 1] + x^2 + y^2 = 0, \quad \text{d'où} \quad a = \frac{2x^2+y^3+y^2}{2(x^2+y^2)-1}.$$

En substituant cette valeur dans la première équation, on retomberait sur l'équation déjà trouvée.

Si l'on avait regardé x et y comme inconnues, on aurait eu, en éliminant x,

$$y^3 - y^2 + 2a^3 + a = 0.$$

On aurait pu aussi éliminer facilement y; dans l'un et l'autre cas, on aurait ramené la question à résoudre une équation à une seule inconnue.

Élimination par division.

De l'élimination par la méthode dite du plus grand commun diviseur.

Lorsqu'on ne peut pas résoudre par rapport à la quantité que l'on veut éliminer, ce qui arrive le plus ordinairement, on peut avoir recours à une méthode que nous allons exposer.

Soit à éliminer la quantité a entre les deux fonctions entières

$$(1) \qquad f(a, b, c) = 0, \quad F(a, b, c) = 0.$$

Nous ne considérons ici que trois quantités a, b, c; mais le raisonnement sera le même, quel que soit le nombre de ces quantités. Il est évident que les trois quantités a, b, c ne sont pas entièrement arbitraires; car si on donne à b et c deux valeurs b_1 et c_1, il faut que les deux équations

$$(2) \qquad f(a, b_1, c_1) = 0, \quad F(a, b_1, c_1) = 0,$$

puissent être satisfaites par les mêmes valeurs de a; si donc b_1 et c_1 sont des valeurs *convenables*, en représentant par

$$a_1, a_2, a_3, \text{etc.} \ldots a_n$$

les valeurs de a correspondantes, les deux équations (2) devront être divisibles en même temps par les quantités

$$(a - a_1), \quad (a - a_2), \ldots (a - a_n).$$

Les deux premiers membres de ces fonctions auront donc un plus grand commun diviseur,

$$D = (a - a_1)(a - a_2) \ldots (a - a_n).$$

Réciproquement, si b_1 et c_1 mis à la place de b et c introduisent un plus grand commun diviseur en a,

$$D = \varphi(a),$$

ce seront des valeurs *convenables* ou de *bonnes valeurs*; car toutes les valeurs

$$a_1, a_2, \text{etc.} \ldots a_n,$$

tirées de l'équation

$$\varphi(a) = 0,$$

jointes aux valeurs b_1 et c_1, satisferont aux équations primitives.

Il suit de là que si l'on regarde b et c comme ayant reçu des valeurs convenables, et si on fait sur les premiers membres des équations (1) les opérations nécessaires pour chercher le plus grand commun diviseur par rapport à la lettre a, on arrivera, au bout d'un certain nombre d'opérations, à un reste

$$\psi(b, c)$$

qui, égalé à zéro, contiendra toutes les valeurs *convenables* de b et c.

$$\psi(b, c) = 0 \tag{3}$$

sera la relation qui doit exister entre b et c, et l'élimination de a sera faite.

Si dans les deux équations il n'entrait que deux quantités que l'on regarderait comme deux inconnues; par exemple,

$$f(x, y) = 0, \quad \text{et} \quad F(x, y) = 0,$$

l'élimination de x conduirait à une équation

(4) $$\psi(y) = 0,$$

qui donnerait toutes les bonnes valeurs de y. On aurait, par ce moyen, ramené la résolution des deux équations, à celle d'une équation à une seule inconnue. Lorsque la question est ramenée à ce point, on la considère comme résolue.

Les équations (3) et (4) sont appelées *équations finales*.

La méthode précédente paraît, au premier abord, d'une grande simplicité; mais lorsqu'on porte son attention sur l'opération en elle-même, on voit que pour l'effectuer convenablement on est obligé d'introduire des facteurs fonctions des quantités qu'on n'élimine pas; ces facteurs compliquent les différents restes, et il peut se faire qu'ils influent sur l'*équation finale* de manière à introduire dans cette équation des valeurs qui ne seraient pas *convenables*, c'est-à-dire, qui ne pourraient satisfaire aux équations primitives.

Nous allons donc examiner la question plus attentivement. Considérons en premier lieu le cas le plus simple, c'est-à-dire, celui où l'on donne deux équations à deux inconnues.

Simplifications à faire avant de commencer l'opération.

Représentons par

$$f(x, y) = 0, \quad F(x, y) = 0,$$

les deux équations données; il s'agit de trouver une équation qui donne toutes les bonnes valeurs, soit de x, soit de y, suivant que l'on voudra éliminer y ou x. Or remarquons que l'on peut ordonner les deux fonctions par rapport à x, chercher le plus grand commun diviseur entre leurs coefficients respectifs, faire de même en ordonnant par rapport à y, et décomposer alors les deux fonctions comme il suit:

$$f(x, y) = \varphi(y).\psi(x).A, \quad F(x, y) = \varphi_1(y).\psi_1(x).B.$$

Cela posé, on peut chercher le plus grand commun diviseur 1° entre $\varphi(y)$ et $\varphi_1(y)$; 2° entre $\psi(x)$ et $\psi_1(x)$; ce qui donne, en appelant δ_y et δ_x, les plus grands communs diviseurs, et les quotients respectifs Q, Q_1, P, P_1,

$$f(x, y) = \delta_y.\delta_x.Q.P.A = 0.$$
$$F(x, y) = \delta_y.\delta_x.Q_1.P_1.B = 0.$$

Ces équations se décomposent évidemment de la manière suivante :

$$\delta_y = 0 \;\Big|\; \delta_x = 0 \;\Big|\; \begin{matrix} Q = 0 \\ P_1 = 0 \end{matrix} \;\Big|\; \begin{matrix} Q = 0 \\ B = 0 \end{matrix} \;\Big|\; \begin{matrix} Q_1 = 0 \\ P = 0 \end{matrix} \;\Big|\; \begin{matrix} Q_1 = 0 \\ A = 0 \end{matrix} \;\Big|\; \begin{matrix} P = 0 \\ B = 0 \end{matrix} \;\Big|\; \begin{matrix} P_1 = 0. \\ B = 0. \end{matrix}$$

et enfin....

$$\Big|\begin{matrix} A = 0 \\ B = 0. \end{matrix}$$

Q et Q_1, P et P_1 ne peuvent être nuls en même temps, puisqu'ils sont premiers entre eux.

Or tous ces systèmes, excepté le dernier, sont ramenés précisément à la forme à laquelle on veut arriver, puisque dans chacun de ces systèmes une des équations ne contient qu'une des inconnues.

Nous n'avons donc à considérer que le système

$$A = 0, \quad B = 0,$$

qui n'est plus susceptible de simplification.

Si le nombre des variables était plus considérable, on pourrait faire des décompositions analogues.

Prenons en premier lieu

$$A = 0, \quad B = 0,$$

Élimination dans le cas où l'on n'est pas obligé d'introduire des facteurs pour opérer les divisions successives.

deux équations simplifiées entre lesquelles il s'agit d'éliminer une certaine quantité, le nombre des quantités que l'on considère étant du reste quelconque. Ordonnons les deux fonctions A et B par rapport à cette quantité, effectuons la recherche du plus grand commun diviseur, et supposons d'abord que l'opération se fasse avec des quotients entiers, par rapport aux lettres que l'on considère, sans qu'on soit obligé d'introduire des facteurs fonctions de ces quantités; on aura les égalités suivantes :

$$(1) \qquad \left\{ \begin{aligned} A &= B \,.\, Q + R, \\ B &= R \,.\, Q' + R', \\ R &= R' . Q'' + R'', \end{aligned} \right.$$

en appelant R, R', R'' les restes successifs et Q, Q', Q'' les quotients correspondants. Les exposants de la quantité à éliminer allant en décroissant dans R, R', R'' au moins d'une unité par opération, on finira par avoir un reste indépendant de cette quantité. Supposons que ce soit R″; on pourra remplacer le système donné,

$$(2) \quad \left\{ \begin{array}{l} A = o, \\ B = o, \end{array} \right. \quad \text{par} \quad \left. \begin{array}{l} R' = o. \\ R'' = o. \end{array} \right\} \quad (3)$$

Car un système quelconque de valeurs satisfaisant au système des équations (2), satisfait au système (3), et réciproquement d'après les égalités (1); car dans ces hypothèses deux des termes qui composent les égalités (1) sont toujours nuls, donc le troisième doit l'être aussi.

$R''=o$ est l'équation finale; elle peut exister entre *une* ou *plusieurs quantités*. Dans le cas où il n'entre que deux quantités dans les équations données, l'élimination conduit à la résolution de ces équations.

REMARQUE I.

Les raisonnements précédents supposent implicitement que les quotients Q, Q′, Q″ sont entiers par rapport aux quantités que l'on considère; car s'il en était autrement, on ne pourrait pas conclure que les valeurs qui satisfont à B, R, R′, satisfont aussi aux produits $B.Q$, $R'.Q''$; il est donc de toute nécessité, pour que les raisonnements subsistent, que ces quotients soient entiers.

REMARQUE II.

Il peut arriver que les restes contiennent des facteurs indépendants de la quantité à éliminer. Si on met ces facteurs en évidence, les restes peuvent se mettre sous la forme

$$r.R, \quad r'.R', \quad r''.$$

r' et r'' ne contenant pas la quantité à éliminer, on peut alors supprimer ces facteurs, et ne prendre pour diviseurs que les quotients R, R′, ce qui donne lieu aux égalités suivantes:

$$\begin{aligned} A &= BQ + r.R, \\ B &= RQ_1 + r'.R', \\ R &= R'Q_2 + r'', \end{aligned}$$

et les deux équations seraient remplacées par les systèmes

20.

$$B=0,\quad R=0,\quad R'=0.$$
$$r=0,\quad r'=0,\quad r''=0.$$

Par suite l'équation finale serait :

$$r.r'.r''=0.$$

Exemple I.

Soit à éliminer a entre les deux équations :

$$A=(x+y)(x^4-y^4)a^3+(x^2-y^2)(x+y)a^2+xy(x^2+y^2)-1=0,$$
$$B=(x+y)(x^2-y^2)a^3+xy=0.$$

Première opération.

$$\begin{array}{l|l}
(x+y)(x^4-y^4)a^3+(x^2-y^2)(x+y)a^2+xy(x^2+y^2)-1 & (x+y)(x^2-y^2)a^3+xy \\ \cline{2-2}
-(x+y)(x^4-y^4)a^3 \qquad\qquad -xy(x^2+y^2) & (x^2+y^2). \\ \hline
\textit{Reste} \qquad (x^2-y^2)(x+y)a^2-1. &
\end{array}$$

Deuxième opération.

$$\begin{array}{l|l}
(x+y)(x^2-y^2)a^3+xy & (x+y)(x^2-y^2)a^2-1 \\ \cline{2-2}
-(x+y)(x^2-y^2)a^3+a & a \\ \hline
\textit{Reste} \qquad a+xy. &
\end{array}$$

Troisième opération.

$$\begin{array}{l|l}
(x+y)(x^2-y^2)a^2-1 & a+xy \\ \cline{2-2}
-(x+y)(x^2-y^2)a^2 & (x+y)(x^2-y^2)a-xy(x+y)(x^2-y^2) \\ \hline
1^{er}\ \textit{reste}\ -xy(x+y)(x^2-y^2)a-1 & \\
+xy(x+y)(x^2-y^2)a+x^2y^2(x+y)(x^2-y^2) & \\ \hline
2^{me}\ \textit{reste.}\ x^2y^2(x^2-y^2)(x+y)-1. &
\end{array}$$

L'*équation finale* est donc :

$$x^2y^2(x^2-y^2)(x+y)-1=0.$$

Cette équation et l'équation

$$a+xy=0,$$

peuvent remplacer le système donné.

Exemple II.

Soit à éliminer y entre les deux équations

$$(x+1)(x^4-1)y^3+(x^2-1)(x+1)y^2+x(x^2+1)-1=0,$$
$$(x+1)(x^2-1)y^3+x=0,$$

ce qui reviendra à résoudre ces deux équations; on sera conduit aux calculs suivants:

Première opération.

$$\begin{array}{l|l} \quad (x+1)(x^4-1)y^3+(x^2-1)(x+1)y^2+x(x^2+1)-1 & (x+1)(x^2-1)y^3+x \\ \cline{2-2} -(x+1)(x^4-1)y^3 \qquad\qquad\qquad\qquad -x(x^2+1) & x^2+1 \\ \hline \textit{Reste} \qquad\qquad (x^2-1)(x+1)y^2-1. & \end{array}$$

Deuxième opération.

$$\begin{array}{l|l} \quad (x+1)(x^2-1)y^3+x & (x+1)(x^2-1)y^2-1 \\ \cline{2-2} -(x+1)(x^2-1)y^3+y & y \\ \hline \textit{Reste} \qquad\qquad y+x. & \end{array}$$

Troisième opération.

$$\begin{array}{l|l} \quad (x+1)(x^2-1)y^2-1 & y+x \\ \cline{2-2} -(x+1)(x^2-1)y^2 & (x+1)(x^2-1)y-x(x+1)(x^2-1) \\ \hline 1^{er}\ \textit{reste} \ -x(x+1)(x^2-1)y-1. & \\ +x(x+1)(x^2-1)y+x^2(x+1)(x^2-1) & \\ \hline 2^{me}\ \textit{reste}\ x^2(x+1)(x^2-1)-1. & \end{array}$$

L'équation finale est

$$x^2(x+1)(x^2-1)-1=0;$$

et l'on pourra remplacer le système des équations primitives par le système des deux équations:

$$y+x=0, \quad x^2(x+1)(x^2-1)-1=x^5+x^4-x^3-x^2-1=0.$$

Cet exemple se déduit du précédent en faisant $y=1$, et remplaçant a par y dans les équations $A=0$, $B=0$.

Nous avons vu, par ce qui précède, qu'il était essentiel de n'avoir dans les différentes opérations auxquelles conduit la méthode du plus grand commun diviseur, que des quotients entiers par rapport aux quantités que l'on considère. Or, dans la plupart des cas, on ne peut arriver à cette condition qu'on introduisant des facteurs fonctions des quantités qui doivent rester; il est donc important d'examiner les modifications que peuvent apporter ces facteurs dans les raisonnements. (De l'élimination lorsqu'on est obligé d'introduire des facteurs étrangers.)

Prenons les deux équations

$$A=0, \quad B=0,$$

simplifiées autant que possible, ou au moins dans lesquelles les facteurs indépendants de la quantité que l'on veut éliminer ont été supprimés.

Effectuons les divisions successives; appelons f, f', f'', f''' les facteurs que l'on introduit, et gardons, du reste, les mêmes notations que précédemment; on aura :

$$(1)\qquad \left\{\begin{aligned} f.A &= B.Q + r.R,\\ f'.B &= R.Q' + r'.R',\\ f''.R &= R'.Q'' + r''.R'',\\ f'''.R' &= R''.Q''' + r''', \end{aligned}\right.$$

r, r', r'', r''' ne contenant que les quantités qui doivent rester, ainsi que f, f', f'', f'''.

Maintenant toutes les valeurs qui satisfont à $A = 0$ et $B = 0$ satisfont à $rR = 0$. Donc les solutions du système donné se trouvent comprises dans celles du système

$$\begin{aligned} B &= 0,\\ R.r &= 0, \end{aligned} \quad \text{ou} \quad \begin{aligned} B &= 0,\\ r &= 0, \end{aligned} \quad \begin{aligned} B &= 0.\\ R &= 0. \end{aligned}$$

En raisonnant sur le système $B = 0$ et $R = 0$ comme sur le système primitif, toutes les solutions de ce dernier système seront comprises dans celles du système

$$\begin{aligned} R &= 0,\\ r'R' &= 0, \end{aligned} \quad \text{ou} \quad \begin{aligned} R &= 0,\\ r' &= 0, \end{aligned} \quad \begin{aligned} R &= 0,\\ R' &= 0, \end{aligned}$$

et ainsi de suite; de sorte que toutes les solutions du système donné seront comprises dans celles des systèmes,

$$(2)\qquad \left\{\begin{matrix} B = 0, & R = 0, & R' = 0, & R'' = 0,\\ r = 0, & r' = 0, & r'' = 0, & r''' = 0, \end{matrix}\right.$$

et par suite toutes les valeurs des quantités autres que celles que l'on veut éliminer, se trouveront parmi les solutions des équations $r = 0$, $r' = 0$, $r'' = 0$, $r''' = 0$, ou dans les solutions du produit

$$(3)\qquad r.r'.r''.r''' = 0.$$

Donc ce produit est satisfait par toutes les valeurs *convenables* des quantités qui y entrent. Mais ce produit peut aussi contenir les solutions étrangères aux équations *primitives ;* car les équations (1) montrent:

1° que le système $\begin{matrix} B = o \\ r = o \end{matrix}$ peut contenir des solutions des systèmes $\begin{matrix} B = o. \\ f = o. \end{matrix}$

2° que le système $\begin{matrix} R = o \\ r' = o \end{matrix}$ peut contenir des solutions des systèmes $\begin{matrix} R = o, & B = o. \\ f' = o, & f = o. \end{matrix}$

3° que le système $\begin{matrix} R' = o \\ r'' = o \end{matrix}$ peut contenir des solutions des systèmes $\begin{matrix} R' = o, & R = o, & B = o. \\ f'' = o, & f' = o, & f = o. \end{matrix}$

Et ainsi de suite. Par conséquent l'équation (3) peut contenir les solutions des équations

$$f = o, \quad f' = o, \quad f'' = o, \quad f''' = o,$$

ou du produit

$$f.f'.f''.f''' = o. \tag{4}$$

REMARQUE I.

Si les deux équations données ne contenaient que deux quantités, x et y, et que l'on ait éliminé x, les quantités f, f', f'', f''', r, r', r'', r''' ne seraient fonctions que de y. On peut alors remarquer que les quantités r et f, r' et f', r'' et f'', etc., doivent être premières entre elles; car si elles avaient des facteurs communs, en vertu des équations (1), on pourrait diviser les quotients Q, Q', etc., par les facteurs communs respectifs, puisque B, R, etc..., ne contiennent plus de facteurs en y seulement. Il aurait donc été inutile d'introduire ces facteurs communs.

Il suit de là que les facteurs f et r, f' et r', etc..., ne peuvent être nuls en même temps, et par conséquent

1° que le système $\begin{matrix} B = o \\ r = o \end{matrix}$ ne contiendra que des *bonnes valeurs.*

2° que le système $\begin{matrix} R = o \\ r' = o \end{matrix}$ ne pourra contenir que des solutions des systèmes $\begin{matrix} B = o. \\ f = o. \end{matrix}$

Et ainsi de suite. Donc on peut déjà supprimer le facteur f''' de l'équation (4), et s'il y a des solutions étrangères, ce ne pourra être qu'autant qu'il y aura des facteurs communs entre les quantités

(5) f et r', $f.f'$ et r'', $f.f'.f''$ et r'''.

Cela posé, *s'il n'existe pas de facteurs communs* entre ces quantités, l'*équation finale sera l'équation* (3).

REMARQUE II.

En conservant les mêmes hypothèses que dans la remarque précédente, supposons qu'il existe des facteurs communs entre les quantités (5); appelons d, d', d'' les plus grands communs diviseurs respectifs; alors les équations

$$\frac{r'}{d}=0, \quad \frac{r''}{d'}=0, \quad \frac{r'''}{d''}=0,$$

ne contiendront plus que des *valeurs convenables*, et l'équation finale serait

$$r.\frac{r}{d}.\frac{r''}{d'}.\frac{r'''}{d''}=0, \tag{6}$$

si aucun des diviseurs d, d', d'' égalé à zéro ne donnait des valeurs convenables.

Or, généralement, il est aisé de résoudre ces diviseurs; et si, parmi les solutions des équations

$$d=0, \quad d'=0, \quad d''=0,$$

il en est qui introduisent, lorsqu'on les substitue à la place de y dans les équations primitives, des diviseurs communs en x, on devra les réintroduire dans l'équation (6). On voit que ce procédé n'est applicable qu'autant que les solutions des équations précédentes sont commensurables.

REMARQUE III.

On peut éviter la résolution exigée dans la remarque précédente en s'y prenant comme il suit :

Les solutions étrangères ne pouvant être introduites dans le système (2) qu'autant qu'il existe des facteurs communs entre les quantités (5), cherchons des relations entre ces quantités et les équations primitives.

Pour cela, reprenons les équations (1); multiplions la première par f', et remplaçons f' B par sa valeur; multiplions l'équation résultante par f'', et remplaçons f''R par sa valeur, et ainsi de suite, et faisons les mêmes opérations sur la seconde des équations (1).

On aura des équations telles que les suivantes :

$$(a)\left\{\begin{array}{r} f.A = B.Q + r.R, \\ f.f'.A = H.R + Q.r'.R', \\ f.f'.f''.A = H'.R' + H.r''.R'', \\ f.f'.f''.f'''.A = H''.R'' + H'.r'''. \end{array}\right. \qquad (b)\left\{\begin{array}{r} \ldots\ldots\ldots\ldots\ldots\ldots \\ f.f'.B = K.R + f.r'R', \\ f.f'.f'.B = K'.R' + K.r''.R'', \\ f.f'.f''.f'''.B = K''.R'' + K'.r''', \end{array}\right.$$

H, H',... K, K'... étant des fonctions entières.

Enfin si l'on multiplie les équations (a) par B, et les équations (b) par A, et si on retranche deux à deux les équations placées sur une même ligne, on a de nouvelles équations que l'on peut écrire comme il suit :

$$(c)\qquad\left\{\begin{array}{l} f.A - Q.B = r.R, \\ K.A - H.B = -r.r'.R', \\ K'.A - H'.B = +r.r'.r''.R'', \\ K''.A - H''.B = -r.r'.r''.r'''. \end{array}\right.$$

Or, nous savons que f et r, f' et r', f'' et r'', etc., ne doivent pas avoir de facteurs communs; appelons d le plus grand commun diviseur entre f et r'; d'après les équations des groupes (a) et (b) placées sur la seconde ligne, d devra diviser H et K, par suite H' et K', H'' et K''. Supposons donc qu'on supprime ce facteur commun dans toutes les équations (a), (b) et (c), et considérons les équations placées sur la troisième ligne, le coefficient commun de A et de B sera $\frac{f.f'}{d} f''$; et si on suppose que d' soit le diviseur commun entre $\frac{f.f'}{d}$ et r'', en raisonnant comme précédemment, le facteur d' devra encore diviser $\frac{H'}{d}$ et $\frac{K'}{d}$, $\frac{H''}{d}$ et $\frac{K''}{d}$; on pourra donc le supprimer et continuer d'une manière analogue le raisonnement relativement aux équations placées à la quatrième ligne; c'est-à-dire, qu'en appelant d'' le plus grand commun diviseur entre $\frac{f.f'.f''.}{d.\,d'}$ et r''', ce facteur pourra encore se supprimer. Cela posé, les équations (a), (b), (c) prendront la forme

$$(a')\left\{\begin{array}{l} f.\mathrm{A}=\mathrm{B}\,.\mathrm{Q}\ +r.\mathrm{R},\\ \frac{f.f'}{d}.\mathrm{A}=\mathrm{H}_1.\mathrm{R}\ +\mathrm{Q}\,.\frac{r'}{d}.\mathrm{R}',\\ \frac{f.f'.f''}{d.d'}.\mathrm{A}=\mathrm{H}_2.\mathrm{R}'\ +\mathrm{H}_1.\frac{r''}{d'}.\mathrm{R},\\ \frac{f.f'.f''.f'''}{d.d'.d''}.\mathrm{A}=\mathrm{H}_3.\mathrm{R}''+\mathrm{H}_2.\frac{r'''}{d''}. \end{array}\right. \qquad (b')\left\{\begin{array}{l} \ldots\ldots\ldots\ldots\\ \frac{f.f'}{d}.\mathrm{B}=\mathrm{K}_1.\mathrm{R}\ +f.\frac{r'}{d}.\mathrm{R}',\\ \frac{f.f'.f''}{d.d'}.\mathrm{B}=\mathrm{K}_2.\mathrm{R}'\ +\mathrm{K}_1.\frac{r''}{d'}.\mathrm{R}'',\\ \frac{f.f'.f''.f'''}{d.d'.d''}.\mathrm{B}=\mathrm{K}_3.\mathrm{R}''+\mathrm{K}_2.\frac{r'''}{d''}. \end{array}\right.$$

$$(c')\quad\left\{\begin{array}{l} f.\mathrm{A}-\mathrm{Q}\,.\mathrm{B}=\ \ r.\mathrm{R},\\ \mathrm{K}_1.\mathrm{A}-\mathrm{H}_1.\mathrm{B}=-r.\frac{r'}{d}.\mathrm{R}',\\ \mathrm{K}_2.\mathrm{A}-\mathrm{H}_2.\mathrm{B}=-r.\frac{r'}{d}.\frac{r''}{d'}.\mathrm{R}'',\\ \mathrm{K}_3.\mathrm{A}-\mathrm{H}_3.\mathrm{B}=-r.\frac{r'}{d}.\frac{r''}{d'}.\frac{r'''}{d''}. \end{array}\right.$$

Les équations (a') et (b') montrent que les solutions des systèmes

$$\mathrm{B}=0,\quad \mathrm{R}=0,\quad \mathrm{R}'=0,\quad \mathrm{R}''=0,$$
$$r=0,\quad \frac{r'}{d}=0,\quad \frac{r''}{d'}=0,\quad \frac{r'''}{d''}=0,$$

satisfont aux équations primitives, puisque les quantités $r, \frac{r'}{d}, \frac{r''}{d'}$, etc. ne peuvent plus être nulles en même temps que les coefficients correspondants de A et B.

Enfin, les équations (c') montrent que toutes les solutions sont comprises dans les systèmes précédents, et la dernière montre que l'équation *finale* est

$$r.\frac{r'}{d}.\frac{r''}{d'}.\frac{r'''}{d''}=0.$$

On voit donc que, par ce moyen, on arrive à la véritable équation finale. L'idée première de cette méthode est due à M. *Labatie*.

REMARQUE IV.

Lorsque les facteurs f, f', f'', etc..., contiennent plus d'une lettre, pour débarrasser l'équation finale des solutions étrangères, il faudrait chercher à résoudre les équations

$$f = 0, \quad f.f' = 0, \quad f.f'.f'' = 0, \text{ etc...}$$
$$r = 0, \quad r' = 0, \quad r'' = 0.$$

S'il y a *incompatibilité* entre ces différentes équations, l'équation *finale* ne contiendra que des valeurs convenables; mais si les équations précédentes admettent des solutions communes, on devra chercher à les déterminer et à voir si elles sont convenables; on sera certain que les solutions étrangères ne pourront se trouver que dans les solutions des équations précédentes. Enfin, si entre les premiers membres des équations précédentes il existe des communs diviseurs, on pourra appliquer la méthode de la remarque précédente pour simplifier l'équation *finale;* mais on ne pourrait pas affirmer dans ce cas, comme dans le cas où il n'y a que deux variables, que l'équation à laquelle on arrive après les simplifications ne contienne pas encore des solutions étrangères; car deux équations à deux inconnues peuvent avoir des solutions communes sans avoir des communs diviseurs fonctions de ces deux inconnues.

REMARQUE V.

Résolution d'un système d'équations d'un degré quelconque contenant un nombre quelconque d'inconnues.

Lorsqu'on donne un nombre quelconque d'équations contenant des inconnues, il peut se présenter trois cas:

1° Le nombre des équations peut être égal au nombre des inconnues qu'elles contiennent;

2° Le nombre des inconnues peut être supérieur au nombre des équations;

3° Le nombre des équations peut être supérieur au nombre des inconnues.

Dans le premier cas, on éliminera entre les équations prises deux à deux une même inconnue, et on déterminera ainsi un nouveau groupe d'équations contenant une inconnue de moins, et dont le nombre sera inférieur d'une unité à celui des équations données; ce nouveau groupe contiendra toutes les solutions des équations primitives, mais pourra contenir des solutions étrangères; on raisonnera sur les nouvelles équations comme sur les premières, et ainsi de suite, jusqu'à ce qu'on arrive à une équation à une seule inconnue.

Dans le deuxième cas, on arrivera par les mêmes opérations à une équation contenant autant d'inconnues plus une qu'il y avait d'inconnues de plus que d'équations.

Enfin, dans le troisième cas, ce sera l'inverse; on arrivera à autant d'équations qui devront subsister entre les quantités que l'on regarde comme connues dans les équations données, qu'il y avait d'équations de plus que d'inconnues. Ces équations portent le nom d'*équations de condition.*

On ne doit pas oublier dans les éliminations de ce genre, que les équations finales contiennent toutes les solutions des problèmes correspondants, mais qu'elles peuvent aussi contenir des solutions étrangères; il faut donc, dans chaque question particulière, chercher à distinguer les *bonnes solutions*, c'est-à-dire, celles qui répondent aux questions correspondantes aux équations primitives.

Élimination par les fonctions symétriques.

De l'élimination par les fonctions symétriques.

On peut aussi arriver à éliminer une quantité entre deux équations, au moyen des *fonctions symétriques.*

Prenons, pour cela, deux équations :

$$(1) \qquad f=0, \quad F=0.$$

On peut toujours supposer les deux équations ordonnées par rapport aux puissances décroissantes d'une même quantité, x par exemple, et les mettre sous la forme :

$$(2) \qquad \begin{aligned} &A_0x^m + A_1x^{m-1} + A_2x^{m-2} + \ldots + A_m = 0,\\ &B_0x^p + B_1x^{p-1} + B_2x^{p-2} + \ldots + B_p = 0. \end{aligned}$$

A_0, A_1, A_2, ... B_0, B_1, B_2, ... étant des fonctions des autres quantités, qui entrent dans les équations (1), il est évident que les valeurs de x qui satisfont à la seconde des équations (2), sont de certaines fonctions des coefficients B_0, B_1, etc.; représentons ces valeurs par

$$x_1, \quad x_2, \quad x_3, \ldots \quad x_p.$$

En substituant successivement x_1, x_2, x_3, ... x_p dans la première des équations, on aurait p équations qui contiendraient toutes les valeurs convenables des autres inconnues ; et en les multipliant toutes entre elles, on aurait un produit

$$(A_0x_1^m + A_1x_1^{m-1} + \ldots)(A_0x_2^m + A_1x_2^{m-1} + \ldots)\ldots(A_0x_p^m + A_1x_p^{m-1} + \ldots)$$

qui, égalé à zéro, ne serait autre que l'équation *finale*. Or, ce produit est une fonction symétrique des fonctions x_1, x_2, ... x_p, lesquelles sont racines de l'équation

$$B_0x^p + B_1x^{p-1} + \ldots + \ldots + B_p = 0;$$

donc, on pourra l'exprimer au moyen des coefficients B_0, B_1, ... de cette équation; donc, etc.

REMARQUE.

Si on suppose que les équations données sont au plus des degrés m et p, c'est-à-dire que A_0, A_1, etc., aient des degrés au plus égaux à leurs indices, il est aisé de voir que l'équation *finale* sera au plus haut degré $m.p$; car, une fonction symétrique quelconque qui compose le produit est de la forme Degré de l'équation finale.

$$A_qA_rA_s\ldots S(x_1^{m-q}.x_2^{m-r}.x_3^{m-s}\ldots).$$

Or, $A_qA_rA_s$.... est au plus du degré $q + r + s$....; quant à la fonction symétrique, elle sera au plus du degré marqué par celui du produit

$$S'_{m-q}.S_{m-r}.S_{m-s}\ldots$$

et comme chaque somme est au plus du degré de son indice puisqu'elles ont le même degré que les coefficients de leur indice, il s'ensuit que

$$S(x_1^{m-q}.x_2^{m-r}\ldots)$$

sera au plus du degré

$$m-q+m-r+m-s\ldots=mp-(q+r+s)\ldots$$

Donc, enfin, un terme quelconque du produit sera au plus du degré marqué par

$$q+r+s\ldots+mp-(q+r+s\ldots)=mp;$$

ce qu'il fallait démontrer.

Il est évident que ce raisonnement peut s'appliquer à un nombre quelconque d'équations.

III.

De l'usage de l'élimination. — De l'abaissement des équations.

L'élimination donne le moyen de former des équations dont les racines soient des fonctions des racines d'une équation donnée. Il suit, de la résolution de cette question, que l'on peut généralement séparer certaines racines d'une équation lorsqu'on sait que ces racines satisfont à une relation particulière indépendante de l'équation donnée. On peut alors ramener la résolution de l'équation donnée à la résolution d'une équation de degré moindre; c'est en quoi consiste *l'abaissement des équations*.

Usage de l'élimination dans la théorie des équations.

PROBLÈME I.

Une équation $f(x)=0$ *étant donnée, en calculer une autre dont les racines soient liées aux racines de l'équation proposée par la relation*

$$\varphi(x, y) = 0,$$

x *représentant une racine quelconque de l'équation donnée, et* y *une racine quelconque de l'équation cherchée.*

Soit a une racine de l'équation $f(x)=0$, et y_1, y_2, etc... les racines correspondantes de l'équation cherchée, on aura

$$fa = 0, \quad \varphi(a, y_1) = 0, \quad \varphi(a, y_2) = 0, \text{ etc...}$$

Or, si on élimine a entre les deux premières équations, on tombera sur une équation

$$F(y_1) = 0.$$

Si l'on avait fait la même opération entre la première équation et la troisième, on aurait trouvé

$$F(y_2) = 0,$$

et ainsi de suite; donc l'équation

$$F(y) = 0$$

admettra les racines y_1, y_2, etc..., correspondantes à la racine a; et comme cette racine est quelconque, l'équation trouvée aura bien pour racines les quantités qui satisfont à l'équation de condition.

PREMIÈRE APPLICATION.

Trouver une équation dont les racines soient égales aux racines d'une équation donnée, diminuées d'une quantité constante h.

Soit $f(x)=0$ l'équation, et y une racine de l'équation cherchée, on aura:

$$y = x - h, \quad \text{d'où} \quad x = y + h,$$

et par suite

$$f(y+h) = 0,$$

sera l'équation cherchée.

REMARQUE I.

Moyen employé pour faire disparaître un terme dans une équation.

Ce problème permet de remplacer l'équation par une équation qui manquerait d'un certain terme, pourvu que l'on détermine convenablement la quantité h.

En effet, on a:

$$f(y+h) = f(h) + f'(h).y + f''(h).\frac{y^2}{1.2} + \text{etc.}\ldots + \frac{f^m(h)}{1.2\ldots m}.y^m.$$

Il suffira donc d'égaler un des coefficients à zéro.

On emploie ordinairement cette transformation pour faire évanouir le second terme d'une équation; ce qui revient à déterminer h par la condition

$$\frac{f^{(m-1)}(h)}{1.2.3\ldots(m-1)} = 0.$$

Cette équation est du premier degré, et ne donne par conséquent qu'une seule valeur de h. On voit donc que la transformation pourra toujours se faire. On peut arriver directement à la détermination de h; car soit:

$$f(x) = A_0x^m + A_1x^{m-1} + \ldots + A_m = 0.$$

si on remplace x par $y+h$, on aura:

$$f(y+h) = A_0(y+h)^m + A_1(y+h)^{m-1} + \text{etc...}$$
$$= A_0 y^m + (mA_0.h + A_1)y^{m-1} + \text{etc...}$$

Il faudra donc que l'on ait :

$$mA_0.h + A_1 = 0, \text{ d'où } h = -\frac{A_1}{m.A_0}.$$

On voit que si l'on voulait faire disparaître le troisième terme, on serait conduit à résoudre une équation du deuxième degré ; et s'il s'agissait de faire disparaître le dernier terme, cela conduirait à résoudre l'équation $f(h)=0$, c'est-à-dire, l'équation proposée elle-même.

REMARQUE II.

On aurait pu aussi arriver à la solution du problème en s'appuyant sur la composition de l'équation. En effet, en appelant a, b, c, etc..., les racines de $f(x)=0$, on a:

$$f(x) = (x-a)(x-b)\ldots(x-l);$$

par suite,

$$\varphi(y) = [y-(a-h)][y-(b-h)]\ldots[y-(l-h)]$$
$$= [(y+h)-a][(y+h)-b]\ldots[(y+h)-l] = f(y+h).$$

DEUXIÈME APPLICATION.

Trouver une équation dont les racines soient égales aux racines d'une équation donnée, multipliées par un nombre constant k.

En conservant les mêmes notations que dans l'exemple précédent, on aura :

$$f(x)=0, \quad y=k.x, \quad \text{d'où} \quad x=\frac{y}{k}.$$

L'équation sera donc :

$$f\left(\frac{y}{k}\right)=0.$$

REMARQUE I.

Cette transformation permet, lorsqu'on donne une équation à coefficients entiers, de la ramener à une autre ayant aussi des coefficients entiers, mais ayant de plus pour coefficients de son premier terme l'unité.

Soit l'équation

$$A_0x^m + A_1x^{m-1} + A_2x^{m-2} + \ldots + A_m = 0.$$

Si on remplace x par $\frac{y}{k}$, on aura :

$$A_0\frac{y^m}{k^m} + A_1\frac{y^{m-1}}{k^{m-1}} + \text{etc.}\ldots + A_m = 0.$$

Et multipliant tous les termes par k^{m-1}, il vient :

$$A_0\frac{y^m}{k} + A_1y^{m-1} + \text{etc.}\ldots + A_m.k^{m-1} = 0.$$

Donc si on fait $k = A_0$, la question sera résolue.

REMARQUE II.

On pourrait aussi, comme précédemment, arriver à la résolution du problème en remarquant que l'on doit avoir l'équation :

$$(y - ka)(y - kb)\ldots\ldots(y - kl) = 0.$$

Divisant par k^m, ou, ce qui revient au même, chaque facteur par k, on a

$$\varphi(y) = \left(\frac{y}{k} - a\right)\left(\frac{y}{k} - b\right)\ldots\left(\frac{y}{k} - l\right) = f\left(\frac{y}{k}\right) = 0.$$

TROISIÈME APPLICATION.

Trouver une équation dont les racines soient les m^es^ *puissances des racines d'une équation donnée.*

On aura :

$$f(x) = 0, \quad y = x^m, \quad \text{ou} \quad y - x^m = 0;$$

donc, il suffira d'éliminer x entre les deux équations.

Pour effectuer l'élimination, supposons que

$$f(x) = x^3 + px + q = 0, \quad \text{et} \quad y = x^3, \quad \text{ou} \quad y - x^3 = 0.$$

On aura, en ajoutant :

$$y + px + q = 0, \quad \text{d'où} \quad x = -\frac{y+q}{p}.$$

L'équation sera donc :

$$y + \left(\frac{y+q}{p}\right)^3 = 0, \quad \text{ou} \quad y^3 + 3qy^2 + (3q^2 + p)y + q^3 = 0.$$

Dans le cas où l'équation donnée serait $x^3 - 1 = 0$, ses trois racines étant les racines cubiques de l'unité, l'équation en y devrait se réduire au cube de $y - 1$; et en effet, si on pose $p = 0$, $q = -1$, on a :

$$y^3 - 3y^2 + 3y - 1 = (y-1)^3 = 0.$$

PROBLÈME II.

Une équation $f(x) = 0$ *étant donnée, en trouver une autre dont les racines soient liées aux racines de l'équation proposée par la relation*

$$\varphi(x_1, x_2, \text{etc.} \ldots y) = 0,$$

x_1, x_2, etc... *représentant des racines de l'équation donnée, et* y *une racine quelconque de l'équation cherchée.*

Supposons, pour fixer les idées, que dans la fonction φ il n'entre que deux racines particulières, on aura les trois équations :

$$(1) \qquad \varphi(x_1, x_2, y) = 0, \quad f(x_1) = 0, \quad f(x_2) = 0.$$

En éliminant x entre les deux premières équations, on aura une équation

$$(2) \qquad F(x_2, y) = 0,$$

qui donnera la relation constante qui doit exister entre une racine de l'équation proposée et celle de l'équation cherchée correspondante. Si donc on élimine x_2 entre cette nouvelle équation et la troisième des équations (1), on aura une équation qui devra avoir pour racines toutes les racines de l'équation cherchée ; mais il est à remarquer que cette équation finale ne sera pas l'équation cherchée ; car dans l'équation (2), x_2 représente une racine quelconque de l'équation donnée; donc elle peut recevoir la valeur x_1, et comme en définitive on élimine cette quantité, l'équation finale doit contenir aussi les racines correspondantes à l'équation

(3) $$\varphi(x_1, x_1, y) = 0.$$

On devra donc chercher à se débarrasser de ces solutions qui ne répondent pas à la question. Pour cela, on peut chercher l'équation finale résultante de l'équation (3) et de l'équation de condition, et diviser la première équation finale trouvée par la nouvelle. Mais dans les exemples simples on peut généralement se débarrasser de ces solutions étrangères dès le commencement du calcul.

PREMIÈRE APPLICATION.

Équations aux différences.

Trouver une équation dont les racines soient égales aux différences des racines d'une équation donnée.

Soit $f(x) = 0$ l'équation donnée, x_1 et x_2 deux racines, et y la différence correspondante, on aura :

$$y = x_1 - x_2, \quad f(x_1) = 0, \quad f(x_2) = 0,$$

d'où

$$x_1 = x_2 + y, \quad f(x_2 + y) = 0, \quad f(x_2) = 0.$$

Donc si on élimine x_2 entre ces deux équations, on tombera sur une équation

(1) $$\varphi(y) = 0,$$

qui aura pour racines toutes les différences de la racine x_2 avec une racine quelconque de l'équation proposée; et comme la racine x_2 est quelconque, l'équation (2) contiendra en définitive toutes les différences entre les racines; mais il est à remarquer que cette équation devrait aussi contenir les valeurs de y correspondantes à l'hypothèse $x_1 = x_2$, ce qui donne ici la même valeur $y = 0$ pour toutes les différences; et effectivement, si dans

$$f(x_2 + y) = 0,$$

on fait $y = 0$, on retombe sur l'équation $f(x_2) = 0$, qui est satisfaite. Pour se débarrasser de ces solutions, il suffit de remarquer que

$$f(x_1+y)=f(x_1)+y.\frac{f'(x_1)}{1}+y^2.\frac{f''(x_1)}{1.2}+\text{etc}\ldots=0;\ \text{et comme } f(x_1)=0,$$

$$=y\left(f'(x)+y.\frac{f''(x)}{1.2}+\text{etc}\ldots\right).$$

Donc en supprimant le facteur y, et éliminant entre les deux équations

$$f(x)=0,\quad f'(x)+y.\frac{f''(x)}{1.2},\ \text{etc}\ldots=0,$$

on aura l'équation cherchée.

Il est à remarquer que si le facteur y n'avait pas été supprimé, l'équation finale (1) n'aurait contenu que la première puissance de ce facteur; car si on l'introduit, tous les restes successifs se trouvent multipliés par le facteur.

Pour effectuer les calculs, supposons qu'il s'agisse de l'équation

$$f(x)=x^3+px+q=0;$$

on aura :

$$f(x+y)=x^3+px+q+(3x^2+p)y+3xy^2+y^3=0;$$

d'où

$$y(3x^2+3yx+y^2+p)=0.$$

On aura donc à éliminer x entre les deux équations

$$x^3+px+q=0,\quad 3x^2+3yx+y^2+p=0.$$

Première opération.

$$\begin{array}{r|l}
x^3+px+q & 3x^2+3yx+y^2+p \\
3\ldots 3x^3+3px+3q & x-y. \\
-3x^3-3yx^2-y^2x & \\
-px & \\
\hline
\text{1}^{\text{er}}\ \textit{reste}\quad -3yx^2+2p & x+3q \\
y^2 & +y^3 \\
+3yx^2+3y^2 & +py \\
\hline
\text{2}^{\text{me}}\ \textit{reste}\quad 2(p+y^2)x+y^3+py+3q. &
\end{array}$$

Deuxième opération.

$$\begin{array}{l|l}
\qquad\qquad 3x^2+3yx+p+y^2 & 2(p+y^2)x+y^3+py+3q \\
2(p+y^2)\ldots 2(p+y^2).3x^2+6y(p+y^2)x+2(p+y^2)^2 & 3x+3y(p+y^2)-9q \\
\qquad -2(p+y^2).3x^2+3y(p+y^2)x & \\
\qquad\qquad -9qx & \\
\text{1}^{\text{er}}\ \textit{reste}\ 3y(p+y^2)x+2(p+y^2)^2 & \\
\qquad\qquad -9q & \\
2(p+y^2)\ldots\ \text{2}^{\text{me}}\ \textit{reste}\ +4(p+y^2)^3-3[y^2(p+y^2)^2-9q^2] &
\end{array}$$

L'équation est donc :

$$4(p+y^2)^3-3[y^2(p+y^2)^2-9q^2]=0,$$

ou en réduisant :

$$y^6+6py^4+9p^2y^4+9p^2y^2+4p^3+27q^2=0.$$

REMARQUE I.

L'équation aux différences a ses racines égales deux à deux et de signes contraires, et en nombre $m(m-1)$, si m est le degré de l'équation donnée.

En effet, si x_1-x_2 est racine, x_2-x_1 l'est aussi ; et de plus, il y a autant de différences qu'il y a d'arrangements de m lettres prises deux à deux.

Équations aux carrés des différences. Il suit de là que l'équation trouvée ne contiendra que des termes de degré pair ; par conséquent, en posant $y^2=z$ on aura une nouvelle équation dont les racines sont les carrés des différences entre les racines de l'équation proposée, et dont le degré sera $\frac{m(m-1)}{2}$.

Pour l'équation du troisième degré que nous venons de considérer, on aurait pour l'équation aux carrés des différences :

$$z^3+6pz^2+9p^2z+4p^3+27q^2=0.$$

REMARQUE II.

L'équation aux carrés des différences jouit de propriétés remarquables.

1° Une équation aux carrés des différences ne peut être que d'un degré marqué par $\frac{m(m-1)}{2}$; d'où, en faisant $m=2, 3, 4, 5$, etc...

$$1, \quad 3, \quad 6, \quad 10, \text{ etc... seront les degrés possibles.}$$

2° Si toutes les racines de l'équation sont réelles, toutes les racines de l'équation aux carrés des différences seront réelles et positives.

L'équation aux carrés des différences sera donc complète et aura ses termes alternativement positifs et négatifs.

Réciproquement, si une équation aux carrés des différences ne peut avoir de racines *négatives*, toutes les racines de l'équation correspondante sont réelles; car, dans l'équation proposée, en supposant qu'elle n'ait que des coefficients réels, si $\alpha+\beta\sqrt{-1}$ était racine, $\alpha-\beta\sqrt{-1}$ le serait aussi; par conséquent, l'équation aux carrés des différences aurait pour racine

$$[(\alpha+\beta\sqrt{-1})-(\alpha-\beta\sqrt{-1})]^2=-4\beta^2,$$

quantité négative, ce qui est contre l'hypothèse.

Donc en prenant l'équation $x^3+px+q=0$, il faut et il suffit, pour que cette équation ait ses *racines réelles*, que l'on ait

$$p<0, \quad 4p^3+27q^2<0.$$

La dernière condition suffit, puisqu'elle ne peut avoir lieu qu'autant que p est négatif.

On voit aussi que si $4p^3+27q^2>0$, l'équation proposée a deux *racines imaginaires*.

En général, si l'on exprime que l'équation aux carrés des différences d'une équation donnée ne peut pas avoir de racines négatives, on aura un nombre de conditions suffisantes pour que les racines de cette équation soient réelles. Ce nombre de conditions ne pourra surpasser

$$\frac{m(m-1)}{2}.$$

REMARQUE III.

Équation aux carrés des différences par les fonctions symétriques.

On peut arriver aussi à déterminer l'équation aux carrés des différences par les *fonctions symétriques*.

Soit $x^m + A_1 x^{m-1} + \ldots + A_m = 0$, l'équation donnée.

$z^n + B_1 z^{n-1} + \ldots + B_n = 0$, l'équation cherchée $n = \frac{m(m-1)}{2}$.

Représentons par S_p la somme des puissances p^{es} des racines de la deuxième; par a, b, c, etc.... les racines de la première, on aura:

$$S_p = (a-b)^{2p} + (a-c)^{2p} + \text{etc}\ldots$$

Il suffit, comme on l'a vu précédemment, d'exprimer S_p au moyen des sommes des puissances semblables des racines de l'équation proposée, que nous distinguerons par la caractéristique s.

Pour cela posons

$$f(x) = (x-a)^{2p} + (x-b)^{2p} + \ldots + (x-l)^{2p},$$

d'où, en faisant $x = a$, b, etc.... et ajoutant

$$2S_p = f(a) + f(b) + \ldots + f(l).$$

Mais

$$\begin{array}{rl|l|l} f(x) = & x^{2p} - 2pa & x^{2p-1} + \frac{2p(2p-1)}{1.2}a^2 & x^{2p-2} - \text{etc}\ldots \\ + & x^{2p} - 2pb & + \frac{2p(2p-1)}{1.2}b^2 & - \text{etc}\ldots \\ & \vdots \quad \vdots & \vdots \qquad \vdots & \vdots \\ + & x^{2p} - 2pl & + \frac{2p(2p-1)}{1.2}l^2 & - \text{etc}\ldots \end{array}$$

$$= mx^{2p} - 2ps_1 x^{2p-1} + \frac{2p(2p-1)}{1.2}s_2\, x^{2p-2} - \text{etc}\ldots - 2ps_{2p-1}x + s_{2p}.$$

Par suite,

$$2S_p = ma^{2p} - 2ps_1 a^{2p-1} + \text{etc}\ldots = ms_{2p} - 2ps_1 s_{2p-1} + \frac{2p(2p-1)}{1.2}s_2 s_{2p-2} + \text{etc}\ldots$$
$$+ mb^{2p} - 2ps_1 b^{2p-1} + \text{etc}\ldots$$

d'où, en divisant par 2, puisque tous les termes se doublent, excepté le terme du milieu,

$$S_p = ms_{2p} - 2ps_1 s_{2p-1} + \frac{2p(2p-1)}{1.2} s_2 s_{2p-2} - \text{etc}\ldots \pm \frac{1}{2}.\frac{2p(2p-1)\ldots(p+1)}{1.2.3\ldots p} s_p^2.$$

Maintenant, au moyen des formules connues (voir page 124), on déterminera les coefficients B_1, B_2, etc...; une somme quelconque des racines de l'équation proposée étant déterminée au moyen des formules analogues, en fonction des coefficients A_1, A_2, etc... Effectuons le calcul dans le cas de l'équation

$$x^3 + px + q = 0.$$

L'équation cherchée sera de la forme

$$z^3 + B_1 z^2 + B_2 z + B_3 = 0.$$

On aura :

$$\begin{array}{lll} S_1 + B_1 = 0, & s_1 = 0, & s_4 + ps_2 = 0, \\ S_2 + B_1 S_1 + 2B_2 = 0, & s_2 + 2p = 0, & s_5 + ps_3 + qs_2 = 0, \\ S_3 + B_1 S_2 + B_2 S_1 + 3B_3 = 0, & s_3 + 3q = 0, & s_6 + ps_4 + qs_3 = 0; \end{array}$$

de plus

$$\begin{aligned} S_1 &= 3s_2 - 2s_1^2, \\ S_2 &= 3s_4 - 4s_1 s_3 + 3s_2^2, \\ S_3 &= 3s_6 - 6s_1 s_5 + 15s_2 s_4 - 10s_3^2, \end{aligned}$$

et par suite en substituant les valeurs de s_1, s_2, s_3, etc...

$$\begin{array}{ll} S_1 = -6p, & \text{d'où } B_1 = 6p, \\ S_2 = 18p^2, & B_2 = 9p^2, \\ S_3 = -66p^3 - 81q^2, & B_3 = 4p^3 + 27q^2. \end{array}$$

L'équation sera donc :

$$z^3 + 6pz^2 + 9p^2 z + 4p^3 + 27q^2 = 0.$$

DEUXIÈME APPLICATION.

Trouver une équation dont les racines soient les sommes prises deux à deux des racines d'une équation donnée. Équation aux sommes.

Soit $f(x) = 0$ l'équation, y une racine de l'équation cherchée, et x_1, x_2 deux racines de l'équation donnée, on aura :

$$f(x_1) = 0, \quad f(x_2) = 0, \quad y = x_1 + x_2.$$

On sera donc conduit à éliminer x entre les deux équations

$$f(x_1) = 0, \quad f(y - x_1) = 0,$$

ou x entre

$$f(x)=0, \quad f(y-x)=0.$$

On voit ici que l'équation finale devra être satisfaite par les racines $2x_1$, $2x_2$, etc...; car si on fait $y=2x$ dans $f(y-x)=0$, on retombe sur $f(x)$, qui est nulle pour les valeurs x_1, x_2, etc... Pour se débarrasser de ces racines, il suffit de retrancher la première équation de la seconde; ce qui donne

$$f(y-x)-fx=(y-2x)\left(\frac{f(y-x)-fx}{y-2x}\right)=0,$$

Alors en éliminant x entre

$$fx=0, \quad \text{et} \quad \frac{f(y-x)-fx}{y-2x}=0.$$

on aura l'équation demandée; si on ne supprimait pas le facteur à l'origine du calcul, il faudrait diviser l'équation finale par $f\left(\frac{y}{2}\right)$.

Pour effectuer les calculs, prenons l'équation

$$x^3+px+q=0.$$

On aura

$$f(y-x)=(y-x)^3+p(y-x)+q=0,$$

$$f(y+x)-f(x)=(y-x)^3-x^3+p(y-2x)$$
$$=(y-2x)\left[(y-x)^2+(y-x)x+x^2+p\right],$$

d'où

$$\frac{f(y-x)-f(x)}{y-2x}=y^2-xy+x^2+p.$$

Éliminant, il vient :

$$\begin{array}{r|l|l}
x^3+p & x+q & x^2-yx+p+y^2 \\ \cline{3-3}
-\ x^3-p & +py & x+y \\
+yx^2-y^2 & +y^3 & \\
-yx^2+y^2 & & \\ \hline
\textit{reste} & -y^3-py+q. &
\end{array}$$

L'équation est donc

$$y^3+py-q=0.$$

Si on n'avait pas enlevé le facteur $y-2x$, on aurait eu les calculs suivants :

$$f(y-x) = y^3 + py + q - (3y^2+p)x + 3yx^2 - x^3 = 0.$$

$$\begin{array}{rr|r|l}
x^3 - 3y.x^2 + 3y^2 & & x - p^3 & \underline{x^3 + px + q} \\
-x^3 & +p & -py & 1 \\
 & -p & -q & \\
 & & -q & \\
\hline
\end{array}$$

$$1^{er}\ \textit{reste}\ -3y.x^2 + 3y^2x - (y^3 + py + 2q)$$

$$\begin{array}{rrr|r|l}
x^3 & + \quad px & + \quad q & & \underline{-3yx^2 + 3y^2x - (y^3 + py + 2q)} \\
3y\ldots 3yx^3 & & +3py & x + 3qy & -x + y \\
-3yx^3 + 3y^2x^2 & & -\quad y^3 & -2qy & \\
-3y^2x^2 & & -\quad py & -py^2 & \\
 & & -2q & -\quad y^4 & \\
 & & +3y^3 & & \\
\hline
\end{array}$$

$$2^{me}\ \textit{reste}\quad 2(y^3 + py - q)x - y(y^3 + py - q) = (2x - y)(y^3 + py - q).$$

D'après la méthode d'élimination, on doit supprimer le facteur

$$y^3 + py - q;$$

il resterait donc, pour terminer l'élimination, à remplacer x par $\frac{y}{2}$; mais comme ces solutions sont étrangères à la question dont on s'occupe, le facteur précédent, égalé à zéro, donnera l'équation aux sommes. On retombe donc sur l'équation déjà trouvée.

REMARQUE I.

On aurait pu, au moyen des fonctions symétriques, résoudre également la question. On n'aurait qu'à suivre une marche tout à fait analogue à celle que l'on a suivie dans l'exemple précédent.

REMARQUE II.

On peut obtenir dans le cas de l'équation

$$x^3 + px + q = 0,$$

l'équation aux sommes immédiatement, en remarquant que la somme des trois racines étant nulle, une quelconque d'entre elles est égale et de signe contraire à la somme des deux autres; donc les racines de l'équation cherchée sont égales et de signes contraires aux racines de l'équation donnée ; il suffira donc, pour l'obtenir, de changer x en $-y$; ce qui donne

$$y^3 + py - q = 0.$$

PROBLÈME III.

Recherche des diviseurs d'une fonction entière.

Une fonction entière étant donnée, trouver tous ses diviseurs.

Soit la fonction

$$x^m + A_1 x^{m-1} + \ldots + A_m,$$

et un diviseur du degré p,

$$x^p + B_1 x^{p-1} + \ldots + B_p.$$

Si on effectue la division comme si les coefficients B, etc., ... B_p étaient connus, on arrivera à un reste du degré $p-1$ de la forme

$$C_1 x^{p-1} + C_2 x^{p-2} + \ldots + C_p.$$

C_1, C_2, etc. ... étant des fonctions des coefficients inconnus ; et puisque la division doit se faire exactement, il faut que ce reste soit nul, quelle que soit la valeur de x ; c'est-à-dire, que l'on ait :

$$C_1 = 0, \quad C_2 = 0, \quad C_3 = 0 \ldots C_p = 0,$$

ce qui donnera p équations entre p inconnues, et que l'on résoudra par les procédés indiqués précédemment.

On peut aussi supposer que le quotient soit connu, et le représenter par un polynôme de la forme

$$x^{m-p} + D_1 x^{m-p-1} + \ldots + D_{m-p},$$

puis faire le produit et l'identifier à l'équation proposée ; cela conduira à m équations entre m inconnues :

$$B_1, \quad B_2, \quad B_3 \ldots B_p, \quad D_1, \quad D_2, \ldots D_{m-p}.$$

En éliminant les $(m-p)$ dernières quantités, on aura v équations, qui serviront à résoudre la question.

REMARQUE.

Le nombre des diviseurs d'un certain degré est aisé à déterminer; en effet, si on suppose qu'il n'y ait pas de racines égales dans l'équation que l'on obtiendrait en égalant la fonction à zéro, il est clair, puisqu'on ne peut décomposer une fonction entière que d'une seule manière en facteurs premiers, qu'il y a autant de diviseurs du n^e degré que l'on peut faire de produits différents avec m quantités, en les prenant n à n, c'est-à-dire :

$$\frac{m(m-1)(m-2)\ldots(m-n+1)}{1.2.3\ldots n}.$$

Ce nombre sera généralement supérieur au degré de la fonction ; ce qui fait voir que généralement la recherche des diviseurs conduit à la résolution d'une équation d'un degré supérieur au degré de la fonction. Cependant, il peut arriver aussi que les équations auxquelles on arrive puissent se réduire à des équations plus simples que celles qu'on obtiendrait en égalant à zéro la fonction donnée.

PREMIÈRE APPLICATION.

Chercher les diviseurs du second degré de la fonction

$$x^3 + px + q.$$

Un diviseur du deuxième degré étant de la forme

$$x^2 + ax + b,$$

on aura

$$\begin{array}{l|l} x^3 \qquad\qquad + px + q & x^2 + ax + b \\ \cline{2-2} -x^3 - ax^2 - bx & x - a \\ \qquad + ax^2 + a^2x + ab & \\ \hline \text{reste } (a^2 - b + p)x + q + ab; & \end{array}$$

ce qui donne les deux équations :

$$a^2 - b + p = 0, \quad q + ab = 0,$$

d'où on tire

$$q + a(p + a^2) = a^3 + pa + q = 0, \quad b = -\frac{q}{a},$$

$$\frac{q^2}{b^2} - b + p = 0, \quad \text{ou} \quad b^3 - pb^2 - q^2 = 0, \quad a = -\frac{q}{b}.$$

L'équation qui donne a n'est autre que la fonction donnée égalée à zéro; ce qui devait être, puisque le nombre des diviseurs étant 3, et la somme des racines de cette équation étant égale à zéro, on avait

$$a = -(x_1 + x_2) = x_3,$$

x_1, x_2, x_3 étant les trois racines.

On aurait pu aussi déterminer l'équation qui donne b, en remarquant que

$$b = x_1 x_2 = -\frac{q}{x_3}, \quad \text{d'où} \quad x_3 = -\frac{q}{b}.$$

Il suffisait donc de remplacer x par $\frac{q}{b}$.

Lorsqu'on cherche ainsi les diviseurs du second degré d'une fonction quelconque, l'équation qui donne le coefficient de x dans un diviseur n'est autre que l'équation *aux sommes* de l'équation obtenue en égalant à zéro la fonction, et l'équation qui donne b, l'équation *aux produits deux à deux.*

DEUXIÈME APPLICATION.

Chercher les diviseurs du deuxième degré de la fonction

$$x^4 + px^2 + qx + r.$$

Représentons un des diviseurs par

$$x^2 + ax + b.$$

Le quotient sera de même forme, puisque la fonction est du quatrième degré, et pourra se représenter par

$$x^2 + a'x + b';$$

on devra donc avoir :

$$x^4 + px^2 + qx + r = (x^2 + ax + b)(x^2 + a'x + b') = x^4 + \left.\begin{array}{r} a \\ +a' \end{array}\right| x^3 + \left.\begin{array}{r} b \\ +b' \\ +aa' \end{array}\right| x^2 + \left.\begin{array}{r} ab' \\ +ba' \end{array}\right| x + bb',$$

et en identifiant :

$$a + a' = 0, \quad b + b' + aa' = p, \quad ab' + ba' = q, \quad bb' = r;$$

d'où

$$a = -a', \quad b + b' = p + a^2, \quad b' - b = \frac{q}{a}, \quad bb' = \left[\frac{p + a^2 - \frac{q}{a}}{2}\right]\left[\frac{p + a^2 + \frac{q}{a}}{2}\right] = r,$$

et en réduisant :

$$(p + a^2)^2 - \frac{q^2}{a^2} = 4r.$$

Cette équation ne contient que des puissances paires de a ; par conséquent on peut poser $a^2 = z$, ce qui ramène l'équation à une équation du troisième degré :

$$(p + z)^2 - \frac{q^2}{z} = 4r, \quad \text{ou} \quad z^3 + 2pz^2 + (p^2 - 4r)z - q^2 = 0.$$

C'est par ce moyen que *Descartes* a ramené la résolution d'une équation du quatrième degré à la résolution d'une équation du troisième.

On pouvait aisément prévoir que l'équation qui donnerait a serait du sixième degré, mais aurait ses racines égales et de signes contraires, car le nombre des diviseurs est $\frac{4.3}{2} = 6$, et la somme des racines étant nulle, on a :

$$a = -(x_1 + x_2) = x_3 + x_4;$$

donc, etc...

PROBLÈME IV.

Une équation f(x) = 0 *étant donnée, la ramener à une équation de degré moindre, sachant qu'un certain nombre de ses racines satisfont à des conditions indépendantes de celles qui sont données par l'équation elle-même.* De l'abaissement des équations.

Supposons d'abord que la relation donnée existe, deux racines x_1, x_2, et que l'on ait

(1) $$\varphi(x_1, x_2) = 0,$$

puisque l'on a

(2) $f(x_1)=0$, (3) $f(x_2)=0$.

Si on élimine d'abord x_1 entre les équations (1) et (2), on tombera sur une équation

$$\psi(x_2)=0.$$

Donc l'équation $f(x)=0$ et l'équation $\psi(x)=0$ auront la racine commune x_2, et en général toutes les racines de $f(x)$ qui jouiront de la même propriété ; en cherchant alors le plus grand commun diviseur entre $f(x)$ et $\psi(x)$, et l'égalant à zéro, on aura généralement cette racine ou ces racines.

Si maintenant on fait les mêmes opérations sur les équations (1) et (2), on trouvera les racines du genre de x_1.

Connaissant ces racines, ou plutôt les équations qui les donnent, on divisera le premier membre de l'équation $f(x)$ par le produit des premiers membres trouvés.

REMARQUE I.

Si l'équation donnée $\varphi(x_1, x_2)=0$ est symétrique par rapport aux racines x_1, x_2, l'équation

$$\psi(x)=0$$

sera aussi bien satisfaite par x_1 que par x_2 ; il n'y aura pas lieu de faire un autre calcul.

REMARQUE II.

La méthode précédente n'est applicable qu'autant que la fonction $\psi(x)$ est différente de la fonction $f(x)$ donnée ; car si la relation donnée est telle qu'elle conduise à l'équation elle-même, l'abaissement ne pourra plus avoir lieu par le même procédé, le plus grand commun diviseur étant la fonction elle-même. — On est obligé alors de recourir à d'autres procédés particuliers.

REMARQUE III.

Il peut arriver que le plus grand commun diviseur entre $f(x)$ et $\psi(x)$ contienne des racines correspondantes à la relation

$$\varphi(x_1, x_2) = 0,$$

Si l'on suppose qu'il y ait des racines de cette nature dans l'équation

$$f(x) = 0,$$

on devra de suite s'en débarrasser en cherchant le plus grand commun diviseur entre fx et $\varphi(x, x)$.

REMARQUE IV.

Si dans la relation donnée il entrait plus de deux racines, on raisonnerait de la même manière; par exemple, si l'on avait

$$\varphi(x_1, x_2, x_3, x_4) = 0,$$

on aurait toujours

$$f(x_1) = 0, \quad f(x_2) = 0, \quad f(x_3) = 0, \quad f(x_4) = 0.$$

En éliminant x_1 on aurait une relation entre x_2, x_3 et x_4; en éliminant x_2 au moyen de cette nouvelle équation et de $f(x_2) = 0$, on aurait une relation entre x_3 et x_4; c'est-à-dire que l'on retomberait dans le cas qui a été examiné en premier lieu.

PREMIÈRE APPLICATION.

Déterminer deux racines, sachant que leur nombre est égal à a.

Pour cela on aura $x_1 + x_2 = a$; par suite il faudra chercher le plus grand commun diviseur entre

$$f(x), \quad \text{et} \quad f(a - x);$$

et comme la fonction $x_1 + x_2 = a$ est symétrique par rapport aux racines, ce plus grand commun diviseur, égalé à zéro, les donnera toutes les deux. Si dans l'équation il se trouve des racines égales à $\frac{a}{2}$ (provenant de l'hypothèse $x_1 = x_2$), elles se trouveront aussi dans le plus grand commun diviseur. On devra donc, pour éviter la complication dans le calcul, les faire disparaître en divisant $f(x)$ par $x - \frac{a}{2}$, autant que cela sera possible, avant de rechercher les racines x_1 et x_2.

Enfin, si les racines sont distribuées deux à deux de manière que leurs sommes soient toutes égales à a, $f(a-x)$ et $f(x)$ seront identiques; on devra alors user d'un autre moyen d'abaissement en s'appuyant sur cette particularité.

Pour cela, remarquons que si l'on pose

$$x_1 = \frac{a}{2} + z_1, \quad \text{on a} \quad x_2 = \frac{a}{2} - z_1.$$

Donc si on remplace x par $\frac{a}{2} + z$, l'équation transformée aura ses racines égales deux à deux et de signes contraires. Si alors on pose $z^2 = y$, on sera ramené à une équation de degré moitié. On aurait pu aussi poser une fonction symétrique de x_1 et x_2 égale à z, de manière qu'à une valeur de z correspondent toujours deux valeurs de x.

Pour pouvoir effectuer les calculs, supposons que l'on demande de déterminer les deux racines de l'équation

$$x^4 + x^3 - 6x^2 + x + 3 = 0,$$

dont la somme est égale à 1.

On aura :

$$f(1-x) = f(1) - f'(1).x + \frac{f''(1)}{1.2}.x^2 - \frac{f'''(1)}{1.2.3}.x^3 + \frac{f^{\text{IV}}(1)}{1.2.3.4}.x^4.$$

Or,

$$\left.\begin{array}{ll}
f(x) = x^4 + x^3 - 6x^2 + x + 3, & f(1) = 0 \\
f'(x) = 4x^3 + 3x^2 - 12x + 1, & f'(1) = -4 \\
\frac{f''(x)}{1.2} = 6x^2 + 3x - 6, & \frac{f''(1)}{1.2} = 3 \\
\frac{f'''(x)}{1.2.3} = 4x + 1, & \frac{f'''(1)}{1.2.3} = 5 \\
\frac{f^{\text{IV}}(x)}{1.2.3.4} = 1, & \frac{f^{\text{IV}}(1)}{1.2.3.4} = 1
\end{array}\right| \begin{array}{l} f(1-x) = x^4 - 5x^3 + 3x^2 + 4x \\ \qquad = x(x^3 - 5x^2 + 3x + 4). \end{array}$$

En supprimant x, et divisant, on a:

1re opération.

$$\begin{array}{rrrrr|l}
x^4 + & x^3 - & 6x^2 + & x + & 3 & x^3 - 5x^2 + 3x + 4 \\
-x^4 + & 5x^3 - & 3x^2 - & 4x & & x + 2 \\
\hline
& +6x^3 - & 9x^2 - & 3x + & 3 & \\
3\ldots & +2x^3 - & 3x^2 - & x + & 1 & \\
& -2x^3 + & 10x^2 - & 6x - & 8 & \\
\hline
& & +7x^2 - & 7x - & 7 & \\
& & 7\ldots x^2 - & x - & 1. & \\
\hline
\end{array}$$

2me opération.

$$\begin{array}{rrrr|l}
x^3 - & 5x^2 + & 3x + & 4 & x^2 - x - 1 \\
-x^3 + & x^2 + & x & & x - 4 \\
\hline
& -4x^2 + & 4x & & \\
& +4x^2 - & 4x - & 4 & \\
\hline
& & 0 & & \\
\end{array}$$

Les racines sont donc celles de l'équation

$$x^2 - x - 1 = 0, \quad \text{c'est-à-dire,} \quad x_1 = \frac{1+\sqrt{5}}{2},$$

$$x_2 = \frac{1-\sqrt{5}}{2}.$$

DEUXIÈME APPLICATION.

Des équations réciproques.

Des équations réciproques.

Abaisser le degré d'une équation, sachant que les racines sont inverses l'une de l'autre.

C'est-à-dire que si x est racine, $\frac{1}{x}$ l'est aussi. Les équations de ce genre portent le nom d'*équations réciproques.*

Soit $f(x)=0$ l'équation donnée, on devra avoir en même temps

$$f(x_1) = 0, \quad f\left(\frac{1}{x_1}\right) = 0,$$

x_1 étant une racine quelconque; donc

$$f(x) = 0, \quad \text{et} \quad f\left(\frac{1}{x}\right) = 0,$$

doivent avoir les mêmes racines, et par suite pouvoir s'identifier. On voit donc ici que le procédé d'abaissement exposé plus haut ne peut plus s'employer; mais ici l'identification conduit à la forme que doit prendre toute équation *réciproque*, forme qui met en évidence un moyen facile d'abaissement.

Prenons d'abord une équation de degré pair:

$$x^6 + A_1x^5 + A_2x^4 + A_3x^3 + A_4x^2 + A_5x + A_6 = 0.$$

Si on remplace x par $\frac{1}{x}$, et si on chasse les dénominateurs, il vient, en divisant par A_6:

$$x^6 + \frac{A_5}{A_6}x^5 + \frac{A_4}{A_6}x^4 + \frac{A_3}{A_6}x^3 + \frac{A_2}{A_6}x^2 + \frac{A_1}{A_6}x + \frac{1}{A_6} = 0,$$

d'où en identifiant, on a :

$$A_1 = \frac{A_5}{A_6}, \quad A_2 = \frac{A_4}{A_6}, \quad A_3 = \frac{A_3}{A_6}, \quad A_4 = \frac{A_2}{A_6}, \quad A_5 = \frac{A_1}{A_6}, \quad A_6 = \frac{1}{A_6}.$$

De la dernière égalité on tire

$$A_6^2 = 1, \quad A_6 = 1, \quad A_6 = -1,$$

et par suite les autres égalités donnent

$$\text{pour } A_6 = 1, \quad A_1 = A_5, \quad A_2 = A_4, \quad A_3 = A_3,$$
$$\text{pour } A_6 = -1, \quad A_1 = -A_5, \quad A_2 = -A_4, \quad A_3 = -A_3 \text{ ou } A_3 = 0.$$

On a donc, pour une équation réciproque de degré pair, les deux formes suivantes:

$$(1) \qquad x^6 + A_1x^5 + A_2x^4 + A_3x^3 + A_2x^2 + A_1x + 1 = 0.$$
$$(2) \qquad x^6 + A_1x^5 + A_2x^4 - A_2x^2 - A_1x - 1 = 0.$$

Il est facile de voir que l'équation (2) peut se ramener à la forme de l'équation (1); car on peut l'écrire

$$x^6 - 1 + A_1x(x^4 - 1) + A_2x^2(x^2 - 1) = 0;$$

d'où, en mettant en facteur $x^2 - 1$,

$$(x^2 - 1)\left[x^4 + A_1x^3 + \begin{array}{c|} 1 \\ +A_2 \end{array}\, x^2 + A_1x + 1\right] = 0.$$

Et en supprimant le facteur $x^2 - 1$ qui correspond aux racines $+1$ et -1, on retombe sur la forme (1).

Considérons maintenant une équation de degré impair, on aura de même

$$x^5 + A_1 x^4 + A_2 x^3 + A_3 x^2 + A_4 x + A_5 = 0,$$

à identifier avec

$$x^5 + \frac{A_4}{A_5} x^4 + \frac{A_3}{A_5} x^3 + \frac{A_2}{A_5} x^2 + \frac{A_1}{A_5} x + \frac{1}{A_5} = 0,$$

d'où

$$A_5 = 1, \quad A_1 = A_4, \quad A_2 = A_3,$$
$$A_5 = -1, \quad A_1 = -A_4, \quad A_2 = -A_3,$$

ce qui donne les deux formes

$$(3) \qquad x^5 + A_1 x^4 + A_2 x^3 + A_2 x^2 + A_1 x + 1 = 0.$$
$$(4) \qquad x^5 + A_1 x^4 + A_2 x^3 + A_2 x^2 - A_1 x - 1 = 0.$$

Il est encore aisé de ramener ces équations à la forme (1), car elles peuvent s'écrire :

$$x^5 + 1 + A_1 x(x^3 + 1) + A_2 x^2(x + 1) = (x + 1)\left[\begin{array}{l|l|l|l} x^4 - 1 & x^3 + 1 & x^2 - 1 & x + 1 \\ \quad + A_1 & \quad - A_1 & \quad + A_1 & \\ & \quad + A_2 & & \end{array}\right] = 0.$$

$$x^5 - 1 + A_1 x(x^3 - 1) + A_2 x^2(x - 1) = (x - 1)\left[\begin{array}{l|l|l|l} x^4 + 1 & x^3 + 1 & x^2 + 1 & x + 1 \\ \quad + A_1 & \quad + A_1 & \quad + A_1 & \\ & \quad + A_2 & & \end{array}\right] = 0.$$

Par conséquent on voit que *les équations réciproques peuvent toujours se ramener à des équations de degrés pairs, dans lesquelles les coefficients, à égale distance des extrêmes, sont égaux et de mêmes signes.*

Cela posé, prenons la forme générale de ces équations :

$$x^{2m} + A_1 x^{2m-1} + A_2 x^{2m-2} + \ldots + A_m x^m + \ldots + A_2 x^2 + A_1 x + 1 = 0.$$

En divisant par x^m, et réunissant les termes ayant les mêmes coefficients, on a :

$$x^m + \frac{1}{x^m} + A_1\left(x^{m-1} + \frac{1}{x^{m-1}}\right) + A_2\left(x^{m-2} + \frac{1}{x^{m-2}}\right) + \text{etc.} \ldots + A_m = 0.$$

Or si on pose

$$x + \frac{1}{x} = z,$$

on a

$$x^2 + \frac{1}{x^2} = z^2 - 2.$$

$$x^3 + \frac{1}{x^3} = z^3 - 3z.$$

$$\vdots$$

En général $\left(x^p + \frac{1}{x^p}\right)\left(x + \frac{1}{x}\right) = x^{p+1} + \frac{1}{x^{p+1}} + x^{p-1} + \frac{1}{x^{p-1}},$

d'où

$$x^{p+1} + \frac{1}{x^{p+1}} = \left(x^p + \frac{1}{x^p}\right)z + x^{p-1} + \frac{1}{x^{p-1}}.$$

Ce qui fait voir que l'expression $x_m + \frac{1}{x_m}$ s'exprime au moyen d'une fonction du $m^{\text{ième}}$ degré en z; donc l'équation

$$\varphi(z) = 0,$$

à laquelle on sera ramené, sera d'un degré moitié de celui de l'équation donnée.

Supposons par exemple que l'on donne l'équation

$$x^4 + x^3 + x^2 + x + 1 = 0.$$

On aura :

$$x^2 + \frac{1}{x^2} + \left(x + \frac{1}{x}\right) + 1 = 0, \quad x + \frac{1}{x} = z, \quad x^2 + \frac{1}{x^2} = z^2 - 2,$$

d'où

$$z^2 + z - 1 = 0 \ldots \begin{cases} z_1 = \dfrac{-1 + \sqrt{5}}{2}. \\ z_2 = \dfrac{-1 - \sqrt{5}}{2}. \end{cases}$$

Ces deux valeurs étant connues, on en déduira facilement celles de x.

REMARQUE.

Équations binômes considérées comme équations réciproques.

On peut traiter les équations *binômes* qui ont été résolues précédemment (livre V), comme étant des équations *réciproques*.

Il y a à considérer si le degré est *pair* ou *impair*.

$$m \text{ impair} \begin{cases} x^m - 1 = (x-1)(x^{m-1} + x^{m-2} + \ldots + 1) = 0. \\ x^m + 1 = (x+1)(x^{m-1} - x^{m-2} + \text{etc.} \ldots + 1) = 0. \end{cases}$$

$$m \text{ pair} \begin{cases} x^m - 1 = (x-1)(x+1)(x^{m-2} + x^{m-4} + \ldots + 1) = 0. \\ x^m + 1 = 0. \end{cases}$$

On est donc ramené à résoudre des équations réciproques de degrés pairs, et dont les coefficients, à égale distance des extrêmes, sont égaux et de mêmes signes. — On pourra donc abaisser leurs degrés de moitié. Il est aisé de voir que ces nouvelles équations ont toutes leurs racines imaginaires. Pour les deux dernières, c'est évident, puisqu'elles ne contiennent que des puissances paires de l'inconnue, toutes prises positivement; quant aux deux premières,

$$x^{m-1} + x^{m-2} + \ldots + 1 = 0,$$
$$x^{m-1} - x^{m-2} + \ldots + 1 = 0,$$

si on change dans la première équation x en $-x$, on retombe sur la seconde; or la seconde ne peut avoir de racines négatives; et si l'on substitue un nombre $=$ ou > 1, on aura toujours un résultat positif : l'équation n'a donc pas de racines positives au-dessus de l'unité; et comme elle est réciproque, elle n'en a pas au-dessous; donc toutes ses racines sont imaginaires, et par suite la première équation a aussi toutes ses racines imaginaires.

Il n'en est pas de même des équations transformées en z, qui ont au contraire toutes leurs racines réelles; car si on représente par $\alpha + \beta\sqrt{-1}$ une racine de ces équations, on a :

$$z = \alpha + \beta\sqrt{-1} + \frac{1}{\alpha + \beta\sqrt{-1}} = \alpha + \beta\sqrt{-1} + \frac{\alpha - \beta\sqrt{-1}}{\alpha^2 + \beta^2}.$$

Or on a

$$\left.\begin{aligned} (\alpha + \beta\sqrt{-1})^m &= \pm 1, \\ (\alpha - \beta\sqrt{-1})^m &= \pm 1, \end{aligned}\right. \quad \text{d'où} \quad (\alpha^2 + \beta^2)^m = 1, \quad \alpha^2 + \beta^2 = 1;$$

donc

$$z = \alpha + \beta\sqrt{-1} + \alpha - \beta\sqrt{-1} = 2\alpha.$$

Donc toutes les racines des transformées sont réelles.

TROISIÈME APPLICATION.

Séparation des racines égales.

Abaisser le degré d'une équation, suchant qu'il y a des racines égales dans cette équation.

Ici, comme dans l'exemple précédent, la méthode générale d'abaissement est en défaut. Pour arriver à la solution de la question, nous nous appuierons sur ce que, lorsqu'il y a des racines égales dans une équation, il existe entre le premier membre et son polynôme dérivé un plus grand commun diviseur, égal au produit des facteurs binômes correspondant aux racines multiples, élevés chacun à une puissance moindre d'une unité que dans le premier membre de l'équation. (Voir le lemme, livre VI, page 122.)

Cela posé, si l'on suppose que l'on ait :

$$f(x)=(x-a)^4(x-b)^4\ldots(x-a')^3(x-b')^3\ldots(x-a'')^2(x-b'')^2\ldots(x-a''')(x-b''')\ldots$$

et si l'on pose

$$X_1=(x-a''')(x-b''')\ldots$$
$$X_2=(x-a'')(x-b'')\ldots$$
$$X_3=(x-a')(x-b')\ldots$$
$$X_4=(x-a)(x-b)\ldots$$

le premier membre de l'équation pourra s'écrire :

$$f(x)=X_1.X_2^2.X_3^3.X_4^4.$$

En appelant D_1 le plus grand commun diviseur entre $f(x)$ et $f'(x)$, on aura :

$$D_1=X_2.X_3^2.X_4^3.$$

En traitant cette nouvelle fonction comme la première, le plus grand commun diviseur entre elle et sa fonction dérivée, sera :

$$D_2=X_3.X_4^2.$$

De même

$$D_3=X_4;$$

donc

$fx=X_1.X_2^2.X_3^3.X_4^4$, d'où $\dfrac{f(x)}{D_1}=Q_1=X_1.X_2.X_3.X_4$, d'où $\dfrac{Q_1}{Q_2}=X_1$,

$D_1=X_2.X_3^2.X_4^3$, $\dfrac{D_1}{D_2}=Q_2=X_2.X_3.X_4$, $\dfrac{Q_2}{Q_3}=X_2$,

$D_2=X_3.X_4$, $\dfrac{D_2}{D_3}=Q_3=X_3.X_4$, $\dfrac{Q_3}{D_4}=X_3$,

$D_3=X_4$ $D_3=Q_4=X_4$, $D_4=X_4$.

Les équations $X_1=0$, $X_2=0$, $X_3=0$, $X_4=0$ donneront chacune séparément les racines *simples*, *doubles*, *triples*, etc.

REMARQUE I.

Le quotient de la fonction par le plus grand commun diviseur D, égalé à zéro, contient toutes les racines de l'équation, mais seulement une fois chacune.

Il suit de là que si le plus grand commun diviseur était la fonction *dérivée* elle-même, toutes les racines seraient égales entre elles, et le polynôme serait une puissance $m^{\text{ième}}$ parfaite.

REMARQUE II.

Si les racines étaient toutes de degrés de multiplicité différents, les équations X_1, X_2, X_3, etc..., seraient toutes du premier degré. Par conséquent, les racines de l'équation donnée seraient toutes réelles; et si cette équation était à coefficients rationnels, les racines seraient toutes commensurables.

REMARQUE III.

On peut facilement, au moyen de ce qui précède, déterminer les conditions nécessaires et suffisantes pour qu'une équation $f(x)=0$ ait une racine d'un degré de multiplicité donné p.

Soit a cette racine, on devra avoir :

$$f(x)=(x-a)^p.Q.$$

Mais on peut mettre $f(x)$ sous la forme

$$f(x)=f(a)+(x-a).f'(a)+\frac{(x-a)^2}{1.2}.f''(a)+\ldots+\frac{(x-a)^{p-1}}{1.2\ldots(p-1)}.f^{(p-1)}(a)+\frac{(x-a)^p}{1.2.3\ldots p}f^{(p)}(a)+\text{etc}\ldots$$

et pour que $f(x)$ soit divisible par $(x-a)^p$, ou successivement par $(x-a)$, p fois, il faut et il suffit que l'on ait:

$$f(a)=0,\quad f'(a)=0\ \ldots\ f^{(p-1)}(a)=0;$$

ce qui donne p conditions si a est donné, et $(p-1)$ si a est arbitraire. Si l'on prend, par exemple, l'équation

$$x^3 + px + q = 0,$$

pour qu'elle ait des racines égales, il faut que l'on ait en même temps

$$3x^2 + p = 0, \quad \text{ou} \quad x^2 = -\frac{p}{3},$$

ce qui donne

$$\sqrt{-\frac{p}{3}}\left(p - \frac{p}{3}\right) + q = 0, \quad \text{ou} \quad 4p^3 + 27q^2 = 0.$$

PROBLÈME V.

Une équation contenant l'inconnue engagée sous des signes radicaux de différents degrés étant donnée, la transformer en une autre ne contenant plus de radicaux.

Soit l'équation

$$F\left[f(x), \quad \sqrt[p]{f_1(x)}, \quad \sqrt[m]{f(x)}, \text{ etc.} \ldots\right] = 0.$$

Posons

$$y = \sqrt[p]{f_1(x)}, \quad z = \sqrt[m]{f_2(x)}, \text{ etc.} \ldots$$

l'équation proposé pourra se remplacer par les systèmes d'équations

$$F\left[f(x), y, z, \text{ etc.} \ldots\right] = 0, \quad y^p = f_1(x), \quad z^m = f_2(x) \ldots$$

Si donc on élimine entre ces nouvelles équations les quantités y, z, etc... à l'aide de la méthode du plus grand commun diviseur, on aura une équation finale en x ne contenant plus de radicaux.

REMARQUE I.

Si l'équation ne contient que des radicaux carrés, on pourra s'en débarrasser en élevant successivement au carré; ainsi

$$\sqrt{X} + \sqrt{X_1} - \sqrt{X_2} = X_3,$$

X, X_1, X_2, X_3, représentant des fonctions entières de x donne

$$\sqrt{X} + \sqrt{X_1} = X + \sqrt{X_3},$$

d'où

$$X_1 + X_2 + 2\sqrt{X_1}.\sqrt{X_2} = X + X_3 + 2X\sqrt{X_3}.$$

Par suite

$$2\sqrt{X_1}.\sqrt{X_2} = X + X_3 - X_1 - X_2 + 2X\sqrt{X_3},$$

d'où

$$4X_1X_2 = (X+X_3-X_1-X_2)^2 + 4X_2X_3 + 4X(X+X_3-X_1-X_2)\sqrt{X_3},$$

équation qui ne contiendra plus qu'un radical, et que l'on traitera de la même manière que les précédentes.

REMARQUE II.

On peut aussi traiter de la même manière une équation telle que

$$X = \sqrt[3]{X_1} + \sqrt[3]{X_2};$$

car, en élevant un cube, on a :

$$\begin{aligned} X^3 &= X_1 + X_2 + 3\sqrt[3]{X_1}.(\sqrt[3]{X_2})^2 + 3(\sqrt[3]{X_1})^2.\sqrt[3]{X_2} \\ &= X_1 + X_2 + 3\sqrt[3]{X_1}.\sqrt[3]{X_2}(\sqrt[3]{X_2} + \sqrt[3]{X_1}) \\ &= X_1 + X_2 + 3\sqrt[3]{X_1}.\sqrt[3]{X_2}.X, \end{aligned}$$

et par suite

$$(X^3 - X_1 - X_2)^3 = 27X^3.X_1.X_2.$$

LIVRE VII.

OU L'ON TRAITE DE LA RÉSOLUTION D'UNE ÉQUATION NUMÉRIQUE ;
DE L'USAGE DE LA GÉOMÉTRIE EN ALGÈBRE
ET DE L'APPLICATION DE L'ALGÈBRE A LA GÉOMÉTRIE EN GÉNÉRAL ;
DE LA DÉCOMPOSITION D'UNE FRACTION RATIONNELLE EN FRACTION SIMPLE,
ET DE L'INTERPOLATION.

I.

De la résolution d'une équation à coefficients numériques à une seule inconnue.

Dans les équations numériques ou à coefficients numériques, on peut distinguer celles qui n'ont que des *coefficients commensurables* et celles qui ont des *coefficients incommensurables ;* on s'occupe ordinairement des premières. Des équations numériques.

La résolution complète d'une équation numérique, c'est-à-dire, la détermination des fonctions de ses coefficients représentant chaque racine, n'a pas encore été trouvée d'une manière générale; on est donc obligé de procéder à la recherche directe de chaque racine, et il est probable que la méthode employée est généralement beaucoup plus simple que l'application des formules générales de résolution qui sont à trouver. En un mot, quand bien même on trouverait ces formules, cela ne détruirait en rien l'utilité des méthodes que nous allons exposer, et ce seraient des formules curieuses plutôt qu'utiles dans l'application.

Une racine d'une équation peut être *réelle* ou *imaginaire ;* une quantité *réelle* peut être *positive* ou *négative*, *commensurable* ou *incommensurable ;* enfin une quantité *commensurable* peut être *entière* ou *fractionnaire*. Comme toutes ces circonstances peuvent se Distinction des racines.

présenter dans la recherche des racines d'une équation, nous procéderons à cette recherche de la manière suivante :

Racines réelles.	positives ou négatives.	*commensurables.*	*entières*	1°
			fractionnaires	2°
		incommensurables		3°
Racines imaginaires				4°

Recherche des racines réelles.

Racines positives et négatives.

La recherche des racines *négatives* se ramène à la recherche des racines *positives* en changeant x en $-x$ dans l'équation donnée, et cherchant les racines *positives* de l'équation *transformée;* ces racines étant trouvées, en les prenant négativement, on aura les racines négatives de l'équation donnée. Nous ne nous occuperons donc que de la recherche des racines *positives* d'une équation.

Racines entières.

1° *Racines entières.*

Soit l'équation à coefficients rationnels

$$f(x) = A_0 x^m + A_1 x^{m-1} + \ldots + A_m = 0.$$

On peut toujours supposer A_0, A_1, etc... entiers, car on peut multiplier tous les termes d'une équation par un même nombre sans en changer les racines.

Cela posé, on sait que *toute racine entière* doit être *un diviseur du dernier terme* (théorème X, liv. VI). Donc, s'il y a des racines entières dans l'équation, elles devront se trouver parmi les diviseurs du dernier terme.

Formation des diviseurs du dernier terme.

On pourrait donc, pour trouver les racines *entières*, *positives* ou *négatives*, essayer *tous les diviseurs* du dernier terme dans l'équation ou dans l'équation dans laquelle on a changé x en $-x$; mais il peut arriver que le nombre des diviseurs soit considérable, et alors en les essayant successivement on serait conduit à des calculs très-longs; on doit donc chercher à diminuer le nombre de ces essais, si cela est possible.

Limite supérieure des racines.

Pour cela, il est facile d'abord de trouver une quantité plus grande que la plus grande *racine positive* de l'équation. En effet, on a vu (théorème I, livre V) qu'on pouvait toujours trouver une quantité assez grande pour que le premier membre de l'*équation* soit positif lorsqu'on remplace x par *cette valeur* ou *par toute valeur plus grande ;* donc une quantité satisfaisant à cette condition sera plus grande que la plus grande *racine positive* de l'équation donnée.

Toute quantité plus grande que la plus grande *racine positive* d'une équation, prend le nom de *limite supérieure des racines positives* de cette équation.

Limite inférieure des racines.

On pourrait aussi déterminer une quantité plus petite que la plus petite racine; il suffirait pour cela de changer x en $\frac{1}{y}$, et de déterminer la limite supérieure des racines de la nouvelle équation; la valeur inverse de cette limite sera la *limite inférieure cherchée.*

Au moyen du théorème déjà cité, on pourra donc déterminer *une limite supérieure* des racines positives de l'équation ; et il est évident que l'on devra tâcher de déterminer la plus petite valeur possible.

D'après cela, on rejettera tous les diviseurs plus grands que la *limite* la plus petite qu'on aura pu trouver.

Élimination des diviseurs plus grands que la limite supérieure la plus rapprochée que l'on sache trouver.

On peut encore éliminer certains diviseurs en se rappelant que toute racine entière diminuée d'un nombre entier doit diviser le résultat de la substitution de ce nombre dans le premier membre de l'équation, et que toute racine entière, augmentée d'un nombre, doit diviser le résultat de la substitution de ce nombre pris en signe contraire dans le premier membre de l'équation proposée (théorème XII, liv. VI). Donc, si on prend $+ 1$ et $- 1$ comme nombres, *tout diviseur* qui, diminué de l'*unité*, ne divisera pas $f(1)$, ou *tout diviseur* qui, augmenté de l'*unité*, ne divisera pas $f(-1)$, ne pourra être *racine*. Les substitutions de $+ 1$ et $- 1$ se faisant très-facilement, ce moyen d'élimination est très-commode à employer.

Usage du résultat de la substitution de $+1$ et -1 dans le premier membre d'une équation.

Essai d'un diviseur.

Lorsqu'on a fait subir aux diviseurs cette espèce de décimation, on procède à l'essai des diviseurs restants. Pour cela on fait usage du corollaire du théorème X, livre VI, c'est-à-dire, qu'on divise le dernier terme par le diviseur en question ; à ce quotient on ajoute le *coefficient de l'avant-dernier terme*, l'équation étant supposée *complète*, et le diviseur, s'il est racine, doit diviser le nombre résultant; s'il ne satisfait pas à cette condition, on le rejette, et on procède à l'essai d'un autre. Si la division se fait exactement, on ajoute à ce quotient le coefficient du deuxième avant-dernier terme, et on essaye la division; et ainsi de suite : le diviseur sera racine, et ne sera racine qu'autant qu'il conduira toujours à des divisions exactes, et donnera à la dernière un quotient égal et de signe contraire au coefficient du premier terme de l'équation proposée.

Des opérations à faire lorsqu'une racine est trouvée.

Lorsqu'on a trouvé de cette manière une racine entière, on peut simplifier l'équation en divisant le premier membre de cette équation par le facteur binôme correspondant; si ce diviseur entre à une certaine puissance dans le dernier terme de l'équation primitive, on l'essayera de nouveau dans la nouvelle équation; car il sera encore diviseur du dernier terme de cette nouvelle équation; s'il est encore racine, le diviseur sera au moins racine *double*. On supprimera la racine correspondante, et on continuera jusqu'à l'entier épuisement des facteurs binômes correspondants à ce diviseur. Il est évident que le nombre de ces facteurs ne pourra jamais surpasser la plus haute puissance du diviseur essayé, contenue dans le dernier terme de l'équation donnée.

Lorsque ces simplifications sont faites, on obtient une nouvelle équation dont toutes les racines sont racines de l'équation proposée, et dont le dernier terme est égal au dernier terme de l'équation proposée divisée par une certaine puissance du diviseur essayé. On ne devra donc plus essayer que *les diviseurs de ce nouveau dernier terme*, lesquels se déduisent immédiatement des diviseurs déjà formés.

Lorsque l'équation ne contient pas de racines égales entières, ce qui arriverait, par exemple, si le dernier terme ne contenait aucun diviseur carré, on peut se dispenser, si l'on veut, de supprimer les racines à mesure qu'on les trouve; mais il faut avoir soin, si l'on continue sur l'équation elle-même, de ne plus essayer que les diviseurs du quotient du dernier terme par la racine trouvée; ces diviseurs s'obtiennent en prenant, dans les diviseurs déjà formés, tous les diviseurs qui contiennent la racine trouvée, et la supprimant une fois. Cette simplification repose sur ce que le produit *de deux racines entières, égales ou inégales,* doit toujours diviser le *dernier terme* d'une équation à coefficients *entiers* (théorème XI, livre VI). Mais quoi qu'il en soit, il vaut toujours mieux *simplifier l'équation autant que possible.*

Recherche des racines négatives.

Enfin, lorsqu'on a trouvé les racines *positives entières,* on change x en $-x$, et on opère comme précédemment. On pourrait chercher directement les racines négatives en essayant des *diviseurs négatifs;* mais cela revient au même quant à la longueur du calcul, et cela a le désavantage de faire commettre souvent des erreurs dans les applications.

Pour éclaircir ce qui précède, nous allons chercher les racines entières d'une équation particulière.

Soit l'équation

$$f(x)=x^6-2x^5-15x^4+34x^3+46x^2-144x+72=0,$$

on a....... $72=2^3.3^2$.

Les diviseurs sont donc

$$1,\ 2,\ 4,\ 8,\ 3,\ 6,\ 12,\ 24,\ 9,\ 18,\ 36,\ 72.$$

Pour trouver une limite supérieure des racines positives, mettons l'équation donnée sous la forme

$$x^4[x(x-2)-15]+x[34x^2+46x-144]+72=0.$$

Il est évident que $x=5$ donne un résultat positif, et que toute quantité plus grande donnera un résultat potitif; donc il ne peut pas y avoir de racines positives égales ou plus grandes que 5.

On n'aura donc à essayer que les diviseurs

$$1,\ 2,\ 3,\ 4.$$

Pour $x=1$ on a:

$$f(1)=1-2-15+34+46-144+72=-8.$$

Pour $x=-1$ on a:

$$f(-1)=1+2-15-34+46+144+72=216.$$

Donc, comme 4 diminué de 1 ne divise pas 8, ce diviseur ne peut être racine; on n'aura à essayer que les diviseurs

2, 3.

Si on essaye 2, on aura les calculs suivants :

$$\frac{72}{2}=36$$
$$36-144=-108$$
$$-\frac{108}{2}=-54,$$
$$-54+46=-8$$
$$-\frac{8}{2}=-4,$$
$$-4+34=30,$$
$$\frac{30}{2}=15$$
$$15-15=0$$
$$0-2=-2$$
$$-\frac{2}{2}=-1.$$

Donc 2 est racine.

Mais 2 peut être racine multiple; supprimons donc le facteur binôme $x-2$, on aura :

$$f(x)=(x-2)[x^5-15x^3+4x^2+54x-36]=0.$$

Essayant 2 dans l'équation

$$x^5-15x^3+4x^2+54x-36=0,$$

on aura :

$$\frac{36}{2}=-18,$$
$$-18+54=36,$$
$$\frac{36}{2}=18,$$
$$18+4=22,$$
$$\frac{22}{2}=11,$$
$$11-15=-4,$$
$$-\frac{4}{2}=-2,$$
$$-2+0=-2,$$
$$-\frac{2}{2}=-1.$$

Donc 2 est encore racine ; supprimant le facteur binôme correspondant, on aura :

$$f(x)=(x-2)^2[x^4+2x^3-11x^2-18x+18]=0.$$

2 étant encore diviseur de 18, on doit chercher si ce nombre est encore racine, ce qui conduit aux calculs suivants :

$$\frac{18}{3}=9$$
$$9-18=-9$$
$$-\frac{9}{2}\ \ldots \text{ division impossible.}$$

Donc 2 n'est plus racine.

Essayons maintenant le diviseur 3 ; nous aurons :

$$\frac{18}{3}=6$$
$$6-18=-12$$
$$-\frac{12}{3}=-4$$
$$-4-11=-15$$
$$-\frac{15}{3}=-5$$
$$-5+2=-3$$
$$-\frac{3}{3}=-1.$$

Donc 3 est racine. Supprimant le facteur $x-3$, on a :

$$f(x)=(x-2)^2(x-3)[x^3+5x^2+4x-6]=0.$$

3 étant encore diviseur du dernier terme, on essaye encore ce diviseur ; ce qui donne

$$-\frac{6}{3}=-2$$
$$-2+4=2$$
$$\frac{2}{3}\ \ldots \text{ division impossible.}$$

La racine 3 est donc simple.

Maintenant il nous reste à trouver les racines entières *négatives*. Pour cela changeons x en $-x$; nous aurons :

$$x^3-5x^2+4x+6=0.$$

1 n'étant pas racine, on n'a qu'à essayer 2 et 3, puisque 5 est encore limite supérieure des racines positives de cette nouvelle équation. Or en répétant les mêmes calculs que précédemment,

on verrait que 2 n'est pas racine, et que 3 l'est; de sorte que l'on a :

$$x^3 - 5x^2 + 4x + 6 = (x - 3)[x^2 - 2x - 2],$$

et par suite,

$$f(x) = (x - 2)^2(x - 3)(x + 3)(x^2 + 2x - 2) = 0.$$

2° *Racines fractionnaires.*

Racines fractionnaires. Lorsqu'on a débarrassé une équation de ses racines entières, positives ou négatives, tant égales qu'inégales, on procède à la recherche des racines *fractionnaires;* on ramène cette recherche à la précédente en remarquant que toute équation à coefficients entiers dont le coefficient du premier terme est égal à l'unité, ne peut avoir de racines *fractionnaires* (théorème IX, livre VI). Donc si on transforme l'équation donnée en une autre dont le coefficient du premier terme serait égal à l'unité, comme on l'a fait précédemment (livre VI, remarque I, page 170), en cherchant les racines entières de la nouvelle équation, et les divisant par le rapport qui existe entre les racines de la nouvelle équation et celles de l'équation donnée, on aura les racines *fractionnaires* de l'équation primitive.

Soit, par exemple, l'équation

$$6x^4 - 29x^3 + 34x^2 + 10x - 24 = 0.$$

Posons $x = \frac{y}{6}$, et remplaçons, nous aurons, en chassant le dénominateur:

$$y^4 - 29y^3 + 204y^2 + 360y - 5184 = 0. \quad (*)$$

Maintenant, si on applique la méthode exposée précédemment pour la recherche des racines *entières*, on trouvera les deux racines 8 et 9; ce qui montre que l'équation donnée admet les deux racines $\frac{4}{3}$ et $\frac{3}{2}$.

On peut alors mettre l'équation sous la forme :

$$(3x - 4)(2x - 3)(x^2 - 2x - 2) = 0.$$

(*) Il n'est pas toujours nécessaire de prendre le coefficient du 1er terme pour dénominateur; dans chaque cas particulier, on doit prendre le plus petit dénominateur, en tenant compte des facteurs communs aux premiers coefficients.

REMARQUE.

Tout ce qui précède se rapporte à des équations à coefficients rationnels, et ne peut être appliqué lorsque l'équation contient des coefficients *irrationnels*. Des équations à coefficients irrationnels.

Examinons donc ces équations. D'abord, on peut toujours supposer que les coefficients soient des racines de même indice; car on peut toujours réduire deux radicaux à un même indice sans changer leurs valeurs numériques.

Cela posé, une équation à coefficients irrationnels sera de la forme :

$$(A_0+\sqrt[p]{B_0})x^m+(A_1+\sqrt[p]{B_1})x^{m-1}+(A_2+\sqrt[p]{B})x^{m-2}+\text{etc.}(A_m+\sqrt[p]{B_m})=0,$$

A_0, A_1, A_2, etc... $\sqrt[p]{B_1}$, $\sqrt[p]{B_2}$... étant des quantités réelles.

Nous nous bornerons ici à examiner le cas où les quantités B_0, B_1, B_2, etc... sont égales; l'équation pourra alors se mettre sous la forme:

$$f(x)+f_1(x).\sqrt[p]{B}=0,$$

B étant la quantité unique se trouvant sous les radicaux, et $f(x)$ et $f_1(x)$ étant des fonctions à coefficients rationnels. Tout nombre commensurable qui sera racine devra annuler séparément $f(x)$ et $f_1(x)$; donc s'il y a des racines commensurables, on devra les trouver parmi les racines communes des équations

$$f(x)=0, \quad f_1(x)=0.$$

Donc, si on cherche le plus grand commun diviseur entre $f(x)$ et $f_1(x)$, en l'égalant à zéro et cherchant ses racines *commensurables*, on aura les racines *commensurables* de l'équation (a).

Dans le cas où B_1, B_2, etc., seraient différents, on emploierait une méthode que nous exposerons plus loin.

Prenons par exemple l'équation

$$x^4-(4-\sqrt{3})x^3-(3+4\sqrt{3})x^2+(24+3\sqrt{3})x-18=0.$$

On peut la mettre sous la forme

$$x^4-4x^3-3x^2+24x-18+(x^3-4x^2+3x)\sqrt{3}=0.$$

Pour trouver les racines commensurables, s'il y en a, cherchons le plus grand commun diviseur entre les deux polynômes

$$x^4-4x^3-3x^2+24x-18, \quad x^3-4x^2+3x.$$

En divisant par x le dernier, on est conduit aux calculs suivants :

$$\begin{array}{r|l} x^4-4x^3-3x^2+24x-18 & x^2-4x+3 \\ \cline{2-2} -x^4+4x^3-3x^2 & x^2-6 \\ \cline{1-1} -6x^2 & \\ +6x^2-24x+18 & \\ \cline{1-1} 0 & \end{array}$$

Les racines commensurables seront donc celles de l'équation,

$$x^2-4x+3=0,$$

c'est-à-dire....

$$x_1=1, \quad x_2=3.$$

L'équation proposée peut alors se mettre sous la forme :

$$(x-1)(x-3)\left[x^2+x\sqrt{3}-6\right]=0.$$

Racines incommensurables.

Racines incommensurables. Lorsqu'on a simplifié une équation autant que possible, en divisant son premier membre par les facteurs binômes correspondants aux racines commensurables tant égales qu'inégales, on passe à la recherche des racines *incommensurables*.

Cette dernière question, conduisant généralement à de longs calculs, il est important d'abaisser le degré de l'équation quand cela se peut; c'est pourquoi on doit commencer par chercher si l'équation a des *racines égales;* et si elle en a, on ramène sa résolution à celle d'équations de degrés moindres et ne contenant plus que des *racines simples*, en employant la méthode exposée livre VI, page 192. Si certaines relations entre les racines de l'équation sont connues, on usera aussi des méthodes d'abaissement que nous avons exposées dans le livre déjà cité.

Considérons donc une équation $f(x)=0$, sur laquelle on ne peut plus faire de simplifications.

Les racines qui restent à trouver étant *incommensurables*, on cherche à déterminer des nombres les comprenant respectivement, dont la différence soit plus petite *qu'une quantité donnée*. Pour cela, on cherche d'abord deux limites quelconques, l'une inférieure, l'autre supérieure, de chaque racine; et ces limites étant trouvées, on cherche à en déduire d'autres dont la différence soit plus petite que le degré d'approximation donné. Séparation des racines incommensurables.

Il existe deux méthodes principales de *séparation:* l'une donnée par *Lagrange*, l'autre fondée sur le théorème de M. *Sturm;* il existe aussi une méthode de séparation due à *Fourier;* mais nous nous contenterons ici d'exposer les deux premières, et nous renverrons pour la troisième à l'*Analyse des équations déterminées* de *Fourier*, publiée par M. *Navier*.

Les méthodes que nous allons exposer, applicables dans tous les cas, conduisent à des calculs laborieux lorsqu'on veut les appliquer à des équations particulières; aussi dans l'application cherche-t-on à les éviter autant que possible, et n'y a-t-on recours qu'en dernier ressort.

Première méthode de séparation.

Cette méthode est entièrement fondée sur la recherche d'une quantité plus petite que la plus petite différence qui existe entre deux racines, et sur ce que deux nombres substitués à la place de x dans une équation donnant des résultats de signes contraires, comprennent au moins une racine. Méthode de Lagrange.

Reprenons l'équation

$$f(x)=0,$$

et cherchons-en l'équation *aux carrés des différences*

$$\varphi(x)=0.$$

La différence entre deux racines réelles, élevée au carré, étant une quantité essentiellement positive, en cherchant la *limite infé-*

rieure des racines positives de l'équation $\varphi(x)=0$, on aura une quantité plus petite que le carré de la plus petite différence entre deux racines réelles. Soit $\frac{1}{\lambda}$ cette limite, λ étant plus grand que l'unité; alors

$$\frac{1}{\sqrt{\lambda}}$$

sera une quantité plus petite que la plus petite différence entre deux racines réelles; donc si *on substitue des nombres variant en progression arithmétique dont la raison soit égale à* $\frac{1}{\sqrt{\lambda}}$, *depuis une limite inférieure des racines positives jusqu'à une limite supérieure de ces mêmes racines, chaque couple de nombres consécutifs donnant des résultats de signes contraires comprendra une racine de l'équation, et n'en comprendra qu'une.*

On aura donc séparé ainsi toutes les *racines positives;* en changeant x en $-x$, et répétant les mêmes opérations, on séparera les *racines négatives.*

Lorsqu'on vient à l'application de cette méthode, les substitutions d'un nombre irrationnel tel que la limite inférieure des différences seraient fort incommodes; aussi remplace-t-on cette quantité par

$$\frac{1}{l},$$

l étant *le nombre entier immédiatement supérieur à* $\sqrt{\lambda}$.

On remarque de plus que des substitutions de nombres *fractionnaires* étant encore assez incommodes, on peut les remplacer par des substitutions de *nombres entiers;* car, si on désigne par x_1 et x_2 deux racines de l'équation donnée, on aura:

$$x_1-x_2>\frac{1}{l};$$

d'où

$$lx_1-lx_2>1;$$

d'où, si on pose en général

$$y=lx,$$

on aura une équation

$$f\left(\frac{y}{l}\right)=0,$$

dont les racines différeront au moins d'une unité, puisque

$$lx_1=y_1, \quad lx_2=y_2; \quad \text{d'où} \ldots y_1-y_2>1.$$

Donc, *en substituant dans cette nouvelle équation des nombres entiers consécutifs, depuis zéro jusqu'à la limite supérieure de ses racines positives, tous les nombres consécutifs donnant des résultats de signes contraires comprendront une racine et n'en comprendront qu'une.*

Approximation des racines.

Supposons donc maintenant que a et $a+1$, deux nombres consécutifs, comprennent *une racine* d'une équation $f(x)=0$, et n'en comprennent qu'*une*.

Il est facile alors de calculer cette racine à une aussi grande approximation que l'on voudra.

En effet, désignons par x_1 la racine séparée, on aura :

$$a<x_1<a+1;$$

donc

$$x_1=a+\frac{1}{y_1},$$

y_1 étant une quantité plus grande que l'unité.

Donc si on remplace dans l'équation donnée x par $a+\frac{1}{y}$, la nouvelle équation

$$f\left(a+\frac{1}{y}\right)=0$$

aura *une racine*, et n'aura qu'*une racine* plus grande que l'unité. Par suite, en substituant les nombres

$$1, 2, 3,$$

on trouvera deux nombres consécutifs b et $b+1$ qui donneront des résultats de signes contraires, et qui, par conséquent, comprendront la racine y_1; on aura donc:

$$b < y_1 < b + 1;$$

d'où

$$y_1 = b + \frac{1}{z_1}.$$

En raisonnant sur y comme sur x, on déterminera la valeur de z, à une unité près, et on continuera ainsi de suite.

La valeur de la racine sera exprimée par une fraction continue illimitée, et au moyen des réduites on pourra avoir cette valeur à une approximation aussi grande que l'on voudra.

Deuxième méthode de séparation.

Méthode de séparation et d'approximation des racines fondée sur le théorème de M. Sturm.

Nous avons vu, livre VI, que par le théorème de M. *Sturm* (théorème VIII), on pouvait toujours déterminer le nombre de racines comprises entre deux nombres. Cela posé, soient les fonctions

$$X,\ X_1,\ X_2,\ X_3, \ldots X_m,$$

employées dans le théorème; si on substitue, comme précédemment, des nombres consécutifs depuis zéro jusqu'à la limite supérieure des racines de l'équation

$$X = 0,$$

la comparaison des nombres de variations de cette suite indiquera le nombre de racines comprises entre deux nombres consécutifs.

Supposons, par exemple, que a et $a + 1$ comprennent trois racines, x_1, x_2 et x_3. On aura, en les supposant rangées par ordre de grandeur :

$$a < x_1 < x_2 < x_3 < a + 1.$$

Donc on pourra poser

$$x_1 = a + \frac{1}{y_1}, \quad x_2 = a + \frac{1}{y_2}, \quad x_3 = a + \frac{1}{y_3}.$$

y_1, y_2, y_3 allant en décroissant, et étant tous les trois plus grands que l'unité. Par suite, si on pose

$$x = a + \frac{1}{y}$$

dans toutes les fonctions précédentes, et si on substitue des nombres entiers à partir de l'unité, on déterminera de même, en appliquant le théorème, un couple, deux couples ou trois couples de nombres consécutifs comprenant les racines y_1, y_2, y_3. S'il y a trois couples, la séparation sera faite, et dans toute autre hypothèse, on continuera à opérer d'une manière analogue jusqu'à ce que la séparation se fasse.

REMARQUE I.

Ces deux méthodes générales conduisent à des calculs aussi longs et sont d'un usage incommode; aussi, comme nous l'avons déjà dit plus haut, n'y a-t-on recours que lorsqu'on ne peut plus faire autrement.

Essais de séparation que l'on doit faire avant d'employer les méthodes générales qui précèdent.

Il arrive souvent, lorsqu'on a à résoudre une équation, que l'on connaît le nombre de ses racines *réelles*; on cherche alors, par des substitutions directes, à obtenir autant de couples de nombres donnant des résultats de signes contraires qu'il y a de racines réelles; on est certain alors que chaque couple ne comprend qu'une racine, et la séparation est faite.

Lorsqu'on ne connaît pas le nombre exact des racines réelles, les théorèmes de la Règle des signes de Descartes (livre VI, théorèmes XIV, XV, XVI, XVII), permettent d'avoir une limite supérieure du nombre des racines réelles; et si précisément le nombre des racines réelles est égal à cette limite, on peut, par des substitutions successives, arriver à la séparation des racines.

REMARQUE II.

Lorsque la séparation est faite, on peut, à l'aide de substitutions successives, calculer les racines avec une approximation aussi grande que l'on veut.

Approximation des racines par les substitutions successives.

Soit toujours $f(x) = 0$ l'équation, et supposons qu'une racine x soit comprise entre a et $a+1$, on aura encore:

Développement d'une racine en fraction décimale.

$$a < x_1 < a+1.$$

Posons

$$x_1 = a + \frac{y_1}{10},$$

y_1 étant plus petit que 10, si on remplace x par $a + \frac{y}{10}$, on sera certain que l'équation

$$f\left(a + \frac{y}{10}\right) = 0$$

aura une racine comprise entre 0 et 10, et n'en aura qu'une; donc en substituant les nombres

$$0,\ 1,\ 2,\ 3, \ldots 8,\ 9,$$

on déterminera deux nombres consécutifs qui comprendront y_1; on aura par exemple :

$$b < y_1 < b + 1,$$

$b + 1$ étant au plus égal à 10; par suite on pourra poser

$$y_1 = b + \frac{z_1}{10},$$

et on calculera z_1 comme on a calculé y_1; de sorte que l'on aura :

$$x_1 = a + \frac{b}{10} + \frac{c}{100} + \text{etc}\ldots$$

b, c, etc .. étant au plus égaux à 9. Cette valeur pourra alors s'écrire :

$$x_1 = a,\ bcd \text{ etc}\ldots$$

REMARQUE III.

Méthode d'approximation de Newton.

Lorsqu'on a calculé une racine avec une approximation suffisante, on peut quelquefois en approcher plus rapidement qu'on ne le fait en employant les moyens précédents, en s'y prenant de la manière suivante indiquée par *Newton*.

Soit a la valeur d'une racine calculée à moins de $\frac{1}{p}$ de l'équation

$$f(x) = 0,$$

on pourra poser, en désignant par x cette racine,

$$x_1 = a + y_1,$$

y étant une quantité plus petite que $\frac{1}{p}$.

Or, on a :

$$f(x_1) = f(a + y_1) = f(a) + f'(a).y_1 + \frac{f''(a)}{1.2}.y_1^2 + \text{etc.}\ldots = 0;$$

d'où on tire

$$y_1 = -\frac{f(a)}{f'(a)} - y_1^2 \left\{ \frac{\frac{f''(a)}{1.2} + \frac{f'''(a)}{1.2.3} y_1 + \text{etc.}\ldots}{f'(a)} \right\}$$

On aura donc:

$$y_1 - \left(-\frac{f(a)}{f'a}\right) < \frac{1}{p^2}.\mathrm{K}.$$

Et par conséquent, si la quantité K, qui représente la partie entre parenthèse en valeur absolue, est plus petite que l'unité, en ajoutant à la valeur a la quantité

$$\delta = -\frac{f(a)}{f'(a)},$$

on aura la valeur de l'inconnue, à moins de $\frac{1}{p^2}$.

Lorsqu'on ne peut pas s'assurer directement que la valeur de K est plus petite que l'unité, on vérifie la valeur calculée, comme on vient de l'exposer, en substituant dans l'équation donnée, cette valeur et deux autres qui en diffèrent, l'une en plus, l'autre en moins de $\frac{1}{p^2}$; s'il existe deux de ces trois quantités qui donnent des résultats de *signes contraires*, la valeur calculée sera bonne.

Cette méthode s'applique ordinairement pour calculer la partie décimale d'une racine; on suppose alors $p = 10$. Mais il est à remarquer ici que le calcul conduit encore à une nouvelle source d'erreur, car la valeur de δ ne peut pas toujours s'obtenir exactement exprimée en unités de l'ordre décimal auquel on s'arrête; et ce n'est plus la valeur de δ que l'on prend, mais la valeur approchée de cette quantité. Il est donc de toute nécessité de vérifier les valeurs obtenues.

On verra dans les exemples simples comment on peut simplifier le calcul.

REMARQUE IV.

Racines commensurables dans une équation à coefficients réels quelconques.

On doit observer que tout ce qui précède s'applique à des équations à coefficients réels quelconques, et que la méthode de *Lagrange* conduira à la détermination des *racines commensurables* dans une équation contenant des coefficients *irrationnels* quelconques.

REMARQUE V.

Des racines irrationnelles du deuxième degré.

Dans une équation à coefficients rationnels, s'il existe des racines incommensurables de la forme $\sqrt{a}$, ou $a+\sqrt{b}$, il est facile de les séparer, a et b étant des quantités commensurables.

D'abord, pour les premières, en représentant par $f(x)=0$ l'équation donnée, on aura :

$$f(\sqrt{a})=\varphi(a)+\psi(a).\sqrt{a}=0,$$

ce qui exige que l'on ait

$$\varphi(a)=0, \quad \psi(a)=0.$$

Mais si on remplaçait x par $\sqrt{x}$, on aurait :

$$f(\sqrt{x})=\varphi(x)+\psi(x)\sqrt{x}=0;$$

donc toutes les racines telles que a devront être racines communes aux deux équations

$$\varphi(x)=0, \quad \psi(x)=0.$$

Par conséquent, si on cherche le plus grand commun diviseur entre les deux premiers membres de ces équations, en l'égalant à zéro, et en cherchant les racines commensurables, on aura toutes les racines correspondantes à la forme cherchée.

Il est clair que ces racines prises en signes contraires seront racines aussi.

Si maintenant il existe une racine de la forme $a+\sqrt{b}$, il en existera une autre de la forme $a-\sqrt{b}$; car on aura :

$$f(a\pm\sqrt{b})=f_1(a,b)\pm f_2(a,b).\sqrt{b};$$

et comme $a+\sqrt{b}$ est racine, on a :

$$f_1(a,b)=0,\quad f_2(a,b)=0;$$

donc $a-\sqrt{b}$ sera racine aussi.

Cela posé, si on fait

$$x=y+\sqrt{z},$$

les deux équations

$$f_1(y,z)=0,\quad f_2(y,z)=0$$

seront satisfaites par les valeurs commensurables

$$x=a,\quad y=b.$$

On pourra donc facilement les déterminer.

On peut du reste s'apercevoir de l'existence de ces racines par le calcul même des racines incommensurables, en suivant la méthode de *Lagrange;* car alors on doit être conduit à une fraction continue périodique, de laquelle il est facile de déduire l'équation du second degré dont les deux racines sont précisément les racines cherchées.

REMARQUE VI.

Enfin, nous observerons que dans toutes les méthodes précédentes, on est obligé de substituer des nombres dans des fonctions entières, et qu'il est important de faire ces substitutions de la manière la plus simple possible; on doit s'y prendre pour cela de la manière suivante. Manière d'effectuer les substitutions.

Soit

$$f(x)=A_0x^m+A_1x^{m-1}+A_2x^{m-2}+\ldots+A_m;$$

on a :

$$f(x)=[((A_0x+A_1)x+A_2)x+A_3]x+\text{etc}\ldots+A_m.$$

On pourra donc faire la substitution d'un nombre, en formant successivement les produits indiqués dans l'égalité précédente, ce qui permet de faire les réductions à mesure qu'elles se présentent.

Par exemple, si on avait à substituer le nombre 8 dans la fonction

$$f(x)=x^3-7x^2+9x-10,$$

ou aurait :

$$x^3-7x^2+9x-10=[((x-7)x)+9]x-10,$$

et par suite

$$\begin{array}{l} f(8)=8-7 \\ \quad 1\times 8=8 \\ \qquad 8+9=17 \\ \qquad\quad 17\times 8=136 \\ \qquad\qquad 136-10=126. \end{array}$$

Recherche des racines imaginaires.

Racines imaginaires.

Pour déterminer les racines imaginaires, nous remarquerons qu'elles sont de la forme

$$a\pm b\sqrt{-1}.$$

Donc si on pose

$$x=y+z\sqrt{-1}$$

dans l'équation donnée, on aura :

$$f(x)=f(y+z\sqrt{-1})=0,$$

ou

$$f(y)+f'(y).z\sqrt{-1}+\frac{f''(y)}{1.2}.z^2-\frac{f'''(y)}{1.2.3}z^3\sqrt{-1}+\text{etc}\ldots=0,$$

ce qui conduira aux deux équations :

$$f(y)\quad-\frac{f''(y)}{1.2}z^2+\text{etc}\ldots=0,$$

$$f'(y).z-\frac{f'''(y)}{1.2.3}z^3+\text{etc}\ldots=0.$$

Dans la seconde de ces équations on peut supprimer le facteur z correspondant à la solution $z=0$, qui donnerait les racines réelles de l'équation.

En cherchant alors les solutions réelles des équations :

$$f(y)-\frac{f''(y)}{1.2}.z^2+\text{etc}\ldots=0,$$

$$f'(y)-\frac{f'''(y)}{1.2.3}.z^3+\text{etc}\ldots=0,$$

on aura les valeurs des parties réelles des racines imaginaires de l'équation donnée.

Application des notions précédentes à des exemples particuliers.

Séparation des racines par la méthode de Lagrange.

Exemple I. Séparer les racines de l'équation

$$x^3 - 3x + 1 = 0. \qquad (1)$$

Si l'on cherche l'équation au carré des différences, on trouve :

$$z^3 - 18x^2 + 81x - 81 = 0.$$

La limite inférieure des racines positives de cette équation sera

$$\frac{81}{81+81} = \frac{1}{2},$$

et par suite la différence entre deux racines sera plus petite que $\frac{1}{\sqrt{2}}$ ou que $\frac{1}{2}$, en prenant le nombre entier immédiatement supérieur à la racine de 2.

Donc en substituant des nombres variant par degrés égaux à $\frac{1}{2}$, on sera certain que deux nombres substitués à la place de x, donnant des résultats de signes contraires, ne comprendront qu'une racine. Mais, pour éviter les substitutions fractionnaires, posons

$$x = \frac{y}{2}.$$

L'équation deviendra :

$$y^3 - 12y + 8 = 0. \qquad (2)$$

Si maintenant on substitue les nombres

$$0, \quad 1, \quad 2, \quad 3, \quad 4,$$

on aura :

$$+8, \quad -3, \quad -8, \quad -1, \quad +24;$$

donc l'équation (2) a deux racines positives, comprises entre 0 et 1 et entre 3 et 4.

Maintenant si on change y en $-y$,
on a :

$$y^3 - 12y - 8 = 0.$$

Et si on substitue les mêmes nombres

$$0,\quad 1,\quad 2,\quad 3,\quad 4,$$

on a :

$$-9,\quad -18,\quad -24,\quad -17,\quad +8.$$

Donc il y a une racine de l'équation (2) comprise entre -3 et -4.

Séparation des racines à l'aide du théorème de M. Sturm.

En appliquant le théorème de M. *Sturm*, on aurait :

$$\begin{array}{r|l} x^3-3x+1 & x^2-1 \\ \cline{2-2} \underline{-x^3+x} & x \\ -2x+1 & \end{array} \qquad \begin{array}{r|l} x^2-1 & 2x-1 \\ \cline{2-2} 2\ldots 2x^2-2 & x+1 \\ \underline{-2x^2+x} & \\ 2\ldots\ldots +x-2 & \\ +2x-4 & \\ \underline{-2x+1} & \\ -3 & \end{array}$$

ce qui donne les fonctions

$$x^3-3x+1,\quad x^2-1,\quad 2x-1,\quad 3.$$

On voit donc que toutes les racines sont réelles ; et si on substitue les nombres des nombres depuis la limite inférieure des racines négatives -2 jusqu'à la limite supérieure des racines positives $+2$, on aura :

$-2\ldots$	$-1,$	$+3,$	$-5,$	$+3\ldots$	3 *variations.*
$-1\ldots$	$+3,$	$0,$	$-3,$	$+3\ldots$	2
$0\ldots$	$+1,$	$-1,$	$-1,$	$+3\ldots$	2
$+1\ldots$	$-1,$	$0,$	$+1,$	$+3\ldots$	1
$+2\ldots$	$+3,$	$+3,$	$+3,$	$+3\ldots$	0.

Il y a donc une racine comprise entre -2 et -1, une autre entre 0 et 1, et une troisième entre 1 et 2.

Séparation par les substitutions successives.

Nous venons d'appliquer deux méthodes générales, mais d'un emploi long lorsque les équations sont d'un degré élevé ; on aurait pu éviter ces méthodes dans l'exemple que nous avons choisi. En effet, la règle des signes de Descartes apprend que cette équation a une racine négative, et au plus deux racines positives. Il n'y a donc qu'à chercher si l'on peut séparer les deux racines positives : pour cela, substituons les nombres

$$0,\quad 1,\quad 2,$$

on aura :

$$+1, \quad -1, \quad +3.$$

Donc il ne peut y avoir qu'une racine comprise o et 1 et entre 1 et 2. Il n'arrive pas toujours que la séparation se fasse aussi simplement, mais on doit toujours faire un essai de ce genre avant de recourir aux méthodes générales.

La séparation des racines étant faite, passons au calcul des racines, et cherchons par exemple à déterminer la racine de l'étion (1) comprise entre 1 et 2. Approximation des racines.

Si on veut la développer en fraction continue, on sera conduit aux calculs suivants: Développement d'une racine en fraction continue.

$$x=1+\frac{1}{y}\quad f(x)=f\left(1+\frac{1}{y}\right)=f(1)+f'(1).\frac{1}{y}+\frac{f''(1)}{1.2}.\frac{1}{y^2}+\frac{f'''(1)}{1.2.3}.\frac{1}{y^3}=0.$$

Or,

$$f(x)=x^3-3x+1 \qquad f(1)=-1$$
$$f'(x)=3x^2-3 \qquad f'(1)=0$$
$$\frac{f''(x)}{1.2}=3x \qquad \frac{f''(1)}{1.2}=3$$
$$\frac{f'''(x)}{1.2.3}=1 \qquad \frac{f'''(1)}{1.2.3}=1.$$

On aura donc l'équation:

$$-1+\frac{3}{y^2}+\frac{1}{y^3}=0 \quad \text{ou} \quad y^3-3y-1=0,$$

équation qui ne peut avoir qu'une racine plus grande que l'unité.

Dans cet exemple, la limite supérieure des racines positives étant 2, la valeur de y est comprise entre 1 et 2; alors on aura:

$$y=1+\frac{1}{z},\quad f_1(y)=f_1\left(1+\frac{1}{z}\right)=f_1(1)+f'_1(1).\frac{1}{z}+\text{etc}\ldots$$

Or,

$$f_1(y)=y^3-3y-1 \qquad f_1(1)=-3$$
$$f'_1(y)=3y^2-3 \qquad f'_1(1)=0$$
$$\frac{f''_1(y)}{1.2}=3y \qquad \frac{f''_1(1)}{1.2}=3$$
$$\frac{f'''_1(y)}{1.2.3}=1 \qquad \frac{f'''_1(1)}{1.2.3}=1;$$

ce qui donnera l'équation

$$-3+\frac{3}{z^2}+\frac{1}{z^3}=0 \quad \text{ou} \quad 3z^3-3z-1=0,$$

qui montre que la valeur de z est comprise encore entre 1 et 2; par conséquent, on sera conduit à poser

$$z=1+\frac{1}{t},$$

et ainsi de suite.

Développement d'une racine en fraction décimale.

On voit que dans cet exemple l'approximation n'est pas très-rapide. Proposons-nous alors de développer la valeur de la racine en fraction décimale, et posons :

$$x=1+\frac{y}{10}, \quad f(x)=f\left(1+\frac{y}{10}\right)=-1+3\left(\frac{y}{10}\right)^2+\left(\frac{y}{10}\right)^3=0,$$

et par suite :

$$f_1(y)=y^3+30y^2-1000=0.$$

y est compris entre 0 et 10; substituant les nombres consécutifs depuis zéro jusqu'à 10, on trouve que la valeur est comprise entre 5 et 6; on aura alors, en posant

$$y=5+\frac{z}{10}, \quad f_1(y)=f_1\left(5+\frac{z}{10}\right)=f_1(5)+f_1'(5)\left(\frac{z}{10}\right)+\frac{f_1''(5)}{1.2}\cdot\left(\frac{z}{10}\right)^2+\frac{f_1'''(5)}{1.2.3}\left(\frac{z}{10}\right)^3.$$

Or,

$$\left.\begin{array}{l} f_1(5)=-125 \\ f_1'(5)=375 \\ \dfrac{f_1''(5)}{1.2}=45 \\ \dfrac{f_1'''(5)}{1.2.3}=1 \end{array}\right\} \ldots \text{d'où} \quad f_1(y)=-125+375\left(\frac{z}{10}\right)+45\left(\frac{z}{10}\right)^2+\left(\frac{z}{10}\right)^3=0,$$

ce qui donne l'équation

$$z^3+450z^2+37500z-125000=0.$$

La valeur de z est aussi comprise entre 0 et 10; on la calculera comme celle de y; on trouve ainsi que z est compris entre 3 et 4; de sorte que la valeur de x est comprise entre les nombres

$$1+\frac{5}{10}+\frac{3}{100}, \quad 1+\frac{5}{10}+\frac{4}{100},$$

c'est-à-dire, entre 1,53 et 1,54.

On pourrait calculer de cette manière autant de chiffres que l'on voudrait.

Lorsqu'on a trouvé la racine à un dixième près, on pourrait, pour déterminer le chiffre suivant, se servir de la méthode de Newton. On aurait alors, en appelant z' la partie qui reste à trouver : Application de la méthode de Newton.

$$f(1,5+z')=f(1,5)+f'(1,5).z'+\frac{f''(1,5)}{2}z'^2+\frac{f'''(1,5)}{1.2.3}.z'^3=0;$$

d'où on tire

$$z'=-\frac{f(1,5)}{f'(1,5)}-z'^2\frac{\left(\frac{f''(1,5)}{2}+z'\right)}{f'(1,5)}.$$

Or on a :

$$f(1,5)=-0,125,\quad f'(1,5)=3,75,\quad \frac{f''(1,5)}{2}=4,5;$$

donc

$$z'=\frac{0,125}{3,75}-z'^2\left(\frac{4,5+z'}{3,75}\right)=\frac{1}{30}-z'^2\left(\frac{4,5+z'}{3,75}\right).$$

Le coefficient de z'^2 étant plus grand que l'unité, on n'est pas certain de suite que la méthode puisse s'appliquer ; quoi qu'il en soit, on a :

$$\frac{1}{30}>z'>\frac{1}{30}-\frac{1}{30^2}\frac{\left(4,5+\frac{1}{30}\right)}{3,75},$$

ou

$$\frac{1}{30}>z'>\frac{1}{30}-\frac{1}{30^2}\left(1,2+\frac{1}{112,5}\right),$$

et enfin

$$0,033\ldots>z'>0,033\ldots0,0014=0,03193\ldots$$

Le chiffre des centièmes sera donc 3. Cet exemple montre comment on doit appliquer la méthode de Newton dans le cas d'une équation simple.

On pourrait calculer les autres chiffres décimaux en suivant cette même marche ; on aura par exemple :

$$x=1,53+z'',\quad z''<0,01,$$

par suite :

$$z'' = -\frac{f(1,53)}{f'(1,53)} - z''^2 \frac{\left(\frac{f''(1,53)}{2} + z''\right)}{f'(1,53)};$$

d'où

$$z'' = \frac{0,008423}{4,0227} - z''^2 \left(\frac{4,59 + z''}{4,0227}\right),$$

$$= 0,00209\ldots - z''^2 \left(1,14\ldots + \frac{z''}{4,0227}\right).$$

Par conséquent on a :

$$0,00209\ldots > z'' > 0,00209\ldots - 0,0000053 = 0,0020847\ldots$$

Par conséquent on peut prendre pour z'' la valeur 0,00208 à 0,00001 près, ce qui donne pour x la valeur

$$1,53208\ldots$$

Exemple II.

Chercher dans l'équation

$$x^4 - x^3 - 3x^2 + 2x + 2 = 0,$$

s'il existe des racines de la forme $\sqrt{a}$.

Posons

$$x = \sqrt{y},$$

nous aurons

$$y^2 - y\sqrt{y} - 3y + 2\sqrt{y} + 2 = 0,$$

ou

$$y^2 - 3y + 2 - (y-2)\sqrt{y} = 0.$$

Pour que y soit rationnel, il faut que les deux équations

$$y^2 - 3y + 2 = 0, \quad y - 2 = 0,$$

aient des racines commensurables communes; la dernière n'ayant que la racine 2, en l'essayant dans la seconde, on a :

$$4 - 6 + 2 = 0.$$

Donc l'équation proposée admettra les deux racines

$$+\sqrt{2}, \quad -\sqrt{2};$$

de sorte qu'elle pourra se mettre sous la forme

$$(x^2 - 2)(x^2 - x - 1) = 0.$$

CONCLUSION.

Règle générale pour résoudre une équation numérique à coefficients rationnels.

Lorsqu'on donne une équation numérique à coefficients rationnels, on commence par chasser les dénominateurs des coefficients de manière que l'équation ne contienne plus que des coefficients entiers.

Racines entières.

L'équation ainsi préparée, on cherchera les *racines entières* parmi *les diviseurs du dernier terme*, et dès qu'une *racine entière* sera trouvée, on divisera le premier membre de l'équation par le binôme correspondant à cette racine autant de fois que cela se pourra; puis on opérera la recherche des *racines entières* du quotient, qui seront les autres *racines entières* de l'équation proposée.

Racines fractionnaires.

Tous les facteurs binômes correspondants aux *racines entières* ayant été supprimés dans le premier membre de l'équation donnée, on procédera à la recherche des *racines fractionnaires* dans la nouvelle équation en la transformant en une autre dont le *coefficient du premier terme* serait égal à l'*unité;* en déterminant les racines *entières* de cette nouvelle équation qui donneront les *racines fractionnaires* de l'équation donnée, et par suite les facteurs binômes correspondants à ces racines que l'on supprimera.

Abaissement de l'équation.

Racines égales.

L'équation ne contenant plus de *racines commensurables*, on cherchera si elle a des racines égales, et on ramènera, si elle en a, sa résolution à la résolution d'équations ne contenant que des *racines simples*, chaque équation ne contenant que des racines d'un *même degré* de multiplicité de l'équation proposée.

Si l'on peut abaisser le degré de l'équation à laquelle on est ramené par la connaissance que l'on a de certaines particularités existantes entre les racines, on le fera; enfin, on tâchera de simplifier l'équation par tous les moyens connus avant de procéder au calcul direct des *racines incommensurables*.

Séparation

Toutes les simplifications étant faites, on tâchera de séparer les des racines incommensurables. *racines incommensurables* par la méthode la plus simple, celle des *substitutions successives*, en s'aidant des théorèmes qui constituent la règle des signes de Descartes. Si la séparation ne peut s'effectuer simplement, on appliquera la méthode de *Lagrange*, au moyen de l'équation *aux carrés des différences*, ou la méthode de séparation fondée sur le théorème de M. *Sturm*.

Calcul des racines incommensurables. Les racines étant séparées, on cherchera leurs valeurs approchées, en les développant, soit en fractions continues, soit en fractions décimales par le calcul direct de leurs différents chiffres décimaux.

Racines imaginaires. Toutes les racines réelles de l'équation étant trouvées, on cherchera les *racines imaginaires*.

II.

De l'usage de la géométrie en algèbre.

Représentation géométrique des fonctions à une variable.

Lorsque dans une fonction à une variable $f(x)$ on donne différentes valeurs à la variable, la fonction prend des valeurs correspondantes faciles à déterminer. Si, en général, on représente par y la valeur de la fonction, on aura, en donnant à x les valeurs

$$x_1, \quad x_2, \text{ etc.} \ldots x_n,$$

des valeurs de la fonction, qui seront

$$y_1 = f(x_1), \quad y_2 = f(x_2) \ldots y_n = f(x_n).$$

Or, si on suppose la fonction continue entre les limites x_1 et x_n, en prenant les valeurs x_1, x_2, etc..., suffisamment rapprochées, les valeurs de la fonction le seront autant que l'on voudra ; et par suite, en prenant sur une ligne fixe OX, à partir du point O, des longueurs OA_1, OA_2, etc., représentant les valeurs x_1, x_2, etc..., et portant parallèlement à une autre ligne OY, des longueurs A_1M_1, A_2M_2, etc..., correspondantes aux valeurs y_1, y_2, etc., à partir des extrémités A_1, A_2.... des longueurs qui représentent les valeurs de la variable,

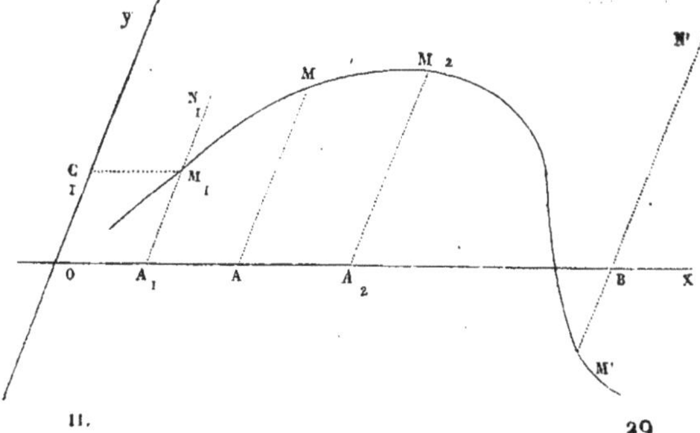

on aura une suite de points M_1, M_2, M_3, etc..., dont l'ensemble formera une ligne qui représentera la fonction entre les limites x_1 et x_n; de telle sorte que la ligne étant tracée, si l'on veut avoir la valeur de la fonction correspondante à une valeur intermédiaire $OA = X$, il suffira de mesurer la longueur AM de la parallèle menée par le point A à la ligne fixe OY.

On voit donc que par ce procédé on pourra se représenter la marche d'une fonction par une ligne qui variera de forme avec la nature de la fonction.

Dans ce qui précède, on suppose implicitement que les quantités

$$x_1,\ x_2,\ \text{etc.}\ldots x_n,$$
$$y_1, y_2, \ldots\ldots y_n,$$

sont *positives ;* car, en géométrie, on ne considère que des grandeurs prises d'une manière absolue. Cependant il peut arriver que la fonction donnée prenne des valeurs *négatives* entre les limites x_1 et x_n supposées positives ; il est important de voir comment on devra interpréter géométriquement ces valeurs.

Pour cela, supposons, par exemple, toutes choses égales d'ailleurs, que pour la valeur $x' = OB$ de la variable, on ait obtenu une valeur négative. On peut toujours supposer la fonction donnée mise sous la forme

$$y = f(x) = \varphi(x) - \psi(x),$$

$\varphi(x)$ étant une fonction arbitraire toujours positive pour une valeur positive de la variable ; par suite si on fait $x = x_1$, on aura :

$$y_1 = f(x_1) = \varphi(x_1) - \psi(x_1).$$

Par conséquent si on porte une longueur $A_1N_1 = \varphi(x)$, pour avoir la valeur $y_1 = A_1M_1$, il faudra porter, à partir du point N_1, une longueur N_1M_1 en sens inverse, qui représentera $\psi(x_1)$. Or, dans le cas où $x = OB = x'$, on aura une longueur pour représenter $\psi(x')$ plus grande que celle qui représente $\varphi(x')$ et, en faisant la même construction on obtiendrait un point M', situé au-dessous de la ligne OX, et la longueur M'B représenterait $f(x')$ prise en valeur absolue. On voit donc que les valeurs négatives de la fonction correspondront à des lignes comptées en *sens contraires de celles que l'on avait employées pour représenter les valeurs positives de la fonction.*

Nous venons d'interpréter géométriquement les valeurs négatives d'une fonction correspondante à des valeurs positives de la variable ; mais il peut arriver que l'on donne directement à la variable des valeurs *négatives.* Comment pourra-t-on représenter les valeurs de la fonction relativement aux valeurs déjà construites? Pour répondre à cette question, remarquons que y étant une certaine fonction de x, si on regarde pour un instant x comme étant la fonction, on pourra toujours supposer que

$$x = f_1(y).$$

Par conséquent on pourrait retrouver le point M_1 déterminé par la valeur $x_1 = OA_1$ en donnant à y, dans cette fonction, la valeur $y_1 = M_1A_1$, et pour cela il suffirait de construire les deux autres côtés OC_1, C_1M_1 du parallélogramme $OA_1M_1C_1$; donc en raisonnant par rapport à y comme on a raisonné par rapport à x dans ce qui précède, s'il existe des valeurs de x négatives correspondantes à des valeurs positives de y, elles devront correspondre à des points situés à la gauche de OY; donc réciproquement *si l'on donne une valeur négative à la variable, on devra la compter en sens contraire des valeurs linéaires comptées sur la ligne* OX *représentant les valeurs positives.*

Enfin, il peut arriver que la variable ayant reçu une valeur *négative*, la fonction prenne aussi une valeur négative ; mais alors il est clair, d'après les considérations précédentes, qu'elle devrait encore correspondre à un point situé au-dessous de la ligne OX.

Donc on pourra représenter complétement une fonction à une variable, à l'aide d'une courbe plane construite d'après les considérations précédentes.

Cette conception remarquable, due à *Descartes*, est la base d'un exercice algébrique auquel on a donné le nom de *Géométrie analytique.* De la géométrie analytique.

Les lignes considérées dans la géométrie élémentaire, la *ligne droite* et le *cercle*, correspondent à des équations algébriques simples, entre deux variables; leurs propriétés et les problèmes qui s'y rattachent peuvent s'établir et se traiter au moyen de ces équations. L'étude des lignes planes représentées par des équations entre deux variables, c'est-à-dire, la détermination de leur forme et de leurs propriétés, est le but de la *géométrie analytique;* on voit que cette branche de l'algèbre n'a pas de limite, et que le nombre des courbes, considérées en *géométrie analytique*, est illimité.

Il est facile d'étendre les considérations précédentes à des équations entre trois variables; pour cela il suffit d'employer, au lieu de deux lignes qui se coupent, trois plans qui se coupent; les fonctions à trois variables représentent alors des surfaces. D'après cela, on divise la *géométrie analytique* en *géométrie analytique à deux dimensions* et en *géométrie analytique à trois dimensions*.

Usage de la géométrie en algèbre.

Il résulte de ce qui précède que l'on peut faire usage de la géométrie pour *construire* les racines réelles d'une équation, c'est-à-dire, pour obtenir des longueurs représentant les *racines réelles*. En effet, soit l'équation

$$(1) \qquad f(x) = 0.$$

On peut toujours la regarder comme le résultat de l'élimination de y entre deux fonctions à deux variables; car si on prend une équation arbitraire

$$(2) \qquad \varphi(x, y) = 0,$$

et que l'on combine convenablement cette équation avec l'équation donnée, on obtiendra deux équations:

$$(3) \qquad \varphi(x, y) = 0,$$

$$(4) \qquad \varphi_1(x, y) = 0,$$

qui remplaceront le système des équations (1) et (2), et les bonnes valeurs de x seront les racines de l'équation (1); donc si on construit les courbes représentées par les équations (3) et (4), les valeurs de x correspondantes aux points d'intersection de ces deux courbes seront les valeurs des racines de l'équation donnée.

Le choix de la fonction φ est entièrement arbitraire; mais cependant on doit le faire de manière à ce que les constructions soient les plus simples possibles.

Emploi général de la ligne droite et du cercle.

Il est avantageux d'employer l'équation d'une ligne dont le tracé géométrique soit simple ; les équations de la ligne droite et du cercle sont donc avantageuses à employer. Quoique le cercle soit une courbe limitée dans tous les sens, on peut toujours prendre son rayon assez grand pour que toutes les racines réelles correspondent à des points placés sur sa circonférence; il suffit pour cela de prendre un rayon égal à la plus grande valeur numérique des limites des racines *positives* et *négatives* de l'équation donnée.

De l'application de l'algèbre à la géométrie.

Enfin il arrive souvent que dans les questions de géométrie élémentaire une grandeur, ou plusieurs grandeurs étant à déterminer, on peut les faire entrer dans les équations déduites de l'énoncé de la question qu'il s'agit de résoudre et des propriétés géométriques connues qui s'y rapportent ; dans ces équations, les quantités données et les quantités inconnues sont représentées par des lettres ou par des nombres; on peut donc leur appliquer les méthodes de l'algèbre, et arriver à la résolution d'une équation à *une inconnue*. Lorsque cette équation ne peut se résoudre directement, on peut user de la *géométrie analytique* pour construire les racines de l'équation, ou les solutions de la question, en employant les procédés que nous venons d'exposer.

Nous terminerons ici ces considérations générales, et nous renverrons les lecteurs qui voudraient en étudier des applications à l'appendice de ce livre.

III.

De la décomposition d'une fraction algébrique en fractions simples.

Une fraction $\frac{f(x)}{F(x)}$ *étant donnée,* $f(x)$ *et* $F(x)$ *étant des fonctions entières, et la première étant d'un degré moindre que la seconde, on propose de la décomposer en fractions simples.*

Il peut se présenter deux cas : celui où le dénominateur $F(x)$ égalé à zéro n'a pas de racines égales, et celui où il en a.

Cas où il n'y a pas de racines égales. Considérons le premier, et supposons que

$$F(x) = (x-a)(x-b)\ldots(x-l).$$

Il est facile de voir que l'on pourra toujours remplacer

$$\frac{f(x)}{F(x)} \text{ par } \frac{A}{x-a} + \frac{B}{x-b} + \text{etc.} \ldots + \frac{L}{x-l}$$

A, B, etc... étant des quantités finies ; ou, ce qui revient au même, que l'on pourra toujours déterminer ces quantités de manière que les deux fonctions

$$f(x), A\frac{F(x)}{(x-a)} + B\frac{F(x)}{(x-b)} + \text{etc.} \ldots + L\frac{F(x)}{(x-l)},$$

soient identiques.

En effet, si on suppose $F(x)$ du degré m, la première et la deuxième fonction seront au plus du degré $m-1$; mais on sait (théorème IV, livre V), que deux fonctions du $(m-1)^{\text{ième}}$ degré sont identiques, lorsqu'elles prennent m valeurs égales pour m valeurs différentes attribuées à la variable.

Or, si on fait $x=a$ dans chacune d'elles, on a pour la première $f(a)$, et $A . F'(a)$ pour la seconde ; car, pour $x=a$, $\frac{F(x)}{x-a} = F'a$ et $F(x) = 0$. Donc en posant

$$A = \frac{f(a)}{F'(a)},$$

les deux fonctions donneront des résultats égaux pour cette valeur; et comme on peut répéter le même raisonnement pour chaque racine, on déterminera de la même manière les valeurs des coefficients A, B, etc., valeurs qui seront toutes finies, puisqu'il n'y a pas de racines égales; et comme il y a m racines, les deux fonctions en question sont bien identiques.

Si la racine $a = \alpha + \beta\sqrt{-1}$;

$$A = \frac{f(\alpha + \beta\sqrt{-1})}{F'(\alpha + \beta\sqrt{-1})} = \frac{M + N\sqrt{-1}}{P + Q\sqrt{-1}} = R + S\sqrt{-1}.$$

Mais pour la racine conjuguée $\alpha - \beta\sqrt{-1}$, on a :

$$A' = \frac{f(\alpha + \beta\sqrt{-1})}{F'(\alpha + \beta\sqrt{-1})} = \frac{M - N\sqrt{-1}}{P - Q\sqrt{-1}} = R - S\sqrt{-1}.$$

ce qui donnera les deux fractions

$$\frac{R + S\sqrt{-1}}{x - \alpha - \beta\sqrt{-1}}, \quad \frac{R - S\sqrt{-1}}{x - \alpha + \beta\sqrt{-1}},$$

et en les ajoutant, il viendra :

$$\frac{2R(x - \alpha) - 2\beta s}{(x - \alpha)^2 + \beta^2} = \frac{Ux + V}{(x - \alpha)^2 + \beta^2}.$$

On peut facilement déterminer U et V par une seule substitution, en remarquant que l'on aura :

$$f(\alpha = \beta\sqrt{-1}) = \frac{U(\alpha + \beta\sqrt{-1}) + V}{2\beta\sqrt{-1}} . F'(\alpha + \beta\sqrt{-1}),$$

égalité de laquelle on tirera deux équations pour déterminer U et V.

Cas où il y a des racines égales.

Supposons maintenant qu'il y ait des racines égales, et représentons par a une racine dont le degré de multiplicité soit n ; on aura :

$$F(x) = (x - a)^n \varphi x.$$

Cela posé, nous allons démontrer qu'on pourra toujours avoir

$$\frac{f(x)}{F(x)}=\frac{A_0}{(x-a)^n}+\frac{A_1}{(x-a)^{n-1}}+\frac{A_2}{(x-a)^{n-2}}+\ldots+\frac{A_{n-1}}{(x-a)}+\frac{P}{\varphi(x)},$$

ou, ce qui revient au même,

$$f(x)=[A_0+A_1(x-a)+\text{etc.}\ldots+A_{n-1}(x-a)^{n-1}]\varphi x+P(x-a)^n,$$

A_1, A_2, etc..., ayant des valeurs finies, et P étant une fonction entière de x.

En effet, il suffit de démontrer, pour cela, que, dans la différence

$$\Delta=f(x)-[A_0+A_1(x-a)+\ldots+A_{n-1}(x-a)^{n-1}]\varphi(x),$$

on peut toujours déterminer A_1, A_2,... de manière qu'elle soit divisible exactement par $(x-a)^n$, ou n fois successives par $x-a$. Or,

$$f(x)=f(a+x-a)=fa+(x-a)f'a+(x-a)^2.\frac{f''a}{1.2}+\ldots$$

$$\varphi(x)=\varphi(a+x-a)=\varphi a+(x-a)\varphi'a+(x-a)^2.\frac{\varphi''a}{1.2}+\ldots$$

et par suite, en substituant et effectuant :

$$\Delta=\left.\begin{array}{l}f(a)\\-\varphi(a).A_0\end{array}\right|+\left.\begin{array}{l}f'(a)\\-\varphi'(a).A_0\\-\varphi(a).A_1\end{array}\right|(x-a)+\left.\begin{array}{l}\frac{f''(a)}{1.2}\\-\frac{\varphi''(a)}{1.2}.A_0\\-\frac{\varphi'(a)}{1}.A_1\\-\varphi(a).A_2\end{array}\right|(x-a)^2+\text{etc.}\ldots+\left.\begin{array}{l}\frac{f^{(n)}(a)}{1\ldots n}\\-\frac{\varphi^n(a)}{1\ldots n}.A_1\\\vdots\\-\varphi(a).A_{n-1}\end{array}\right|(x-a)^{n-1}+P(x-a)^n.$$

Donc en posant

$$(1)\quad\left\{\begin{array}{l}f(a)-\varphi(a).A_0=0,\\f'(a)-\varphi'(a).A_0-\varphi(a).A_1=0,\\\vdots\\\frac{f^n(a)}{1.2\ldots n}-\frac{\varphi^n(a)}{1.2\ldots n}.A_0-\frac{\varphi^{n-1}(a)}{1.2\ldots(n-1)}A_1\ldots-\varphi(a).A_{n-1}=0,\end{array}\right.$$

la différence Δ, sera bien divisible par $(x-a)^n$; les équations (1) montrent que A_0, A_1, etc... A_{n-1} sont des valeurs finies, puisque a ne peut plus être racine de $\varphi(x)=0$.

REMARQUE.

Cette décomposition sert, comme on le verra plus tard, dans le *calcul intégral*, mais elle n'est utile qu'autant que les racines de l'équation

$$F(x)=0,$$

sont toutes déterminées ; or, on sait que c'est précisément le point que l'algèbre n'a pu encore franchir dans un cas quelconque. Les considérations précédentes montrent donc que le problème est toujours possible, mais elles n'établissent pas qu'on puisse toujours le résoudre.

Lorsque la décomposition du dénominateur en facteurs du premier degré est faite, pour arriver à la détermination directe des coefficients, on peut, dans la pratique, identifier.

Exemple. Soit la fraction $\dfrac{x^2+2x-3}{(x-2)(x-3)(x-4)}$,

on pose

$$\frac{x^2+2x-3}{(x-2)(x-3)(x-4)}=\frac{A}{(x-2)}+\frac{B}{(x-3)}+\frac{C}{(x-4)},$$

d'où

$$x^2+2x-3=A(x-3)(x-4)+B(x-2)(x-4)+C(x-2)(x-3);$$

d'où, en identifiant,

$$\left.\begin{aligned}1&=A+B+C.\\2&=-7A-6B-5C.\\3&=12A+8B+6C\end{aligned}\right\}$$ équations desquelles on tire les valeurs de A, B, C.

On aurait eu de suite ces valeurs, en faisant successivement $x=2,\ 3,\ 4$; ce qui donne :

$$\begin{aligned}&x=2, && 5=A.2, && \text{d'où}\ A=\frac{5}{2},\\&x=3, && 12=-B, && B=-12,\\&x=4, && 21=C.2, && C=\frac{21}{2};\end{aligned}$$

donc

$$\frac{x+2x+3}{(x-2)(x-3)(x-4)}=\frac{5}{2(x-2)}-\frac{12}{(x-3)}+\frac{21}{2(x-4)}.$$

De l'Interpolation.

Interpolation. Le problème de l'*interpolation* consiste à déterminer une fonction de manière qu'elle prenne une série de valeurs données, correspondantes à certaines valeurs particulières également données, des variables qu'elle contient.

Le problème est généralement indéterminé; cependant, lorsqu'il s'agit d'une fonction *entière*, et lorsque le nombre des valeurs connues est égal *au nombre de ses termes*, le problème peut se résoudre complétement. Nous ne considérerons ici, pour plus de simplicité, qu'une fonction à une seule variable, telle que

$$(1) \qquad y = A_0 x^m + A_1 x^{m-1} + A_2 x^{m-2} + \ldots + A_m.$$

Soient x_0, x_1, x_2, x_m, les valeurs de x, pour lesquelles la fonction prend les valeurs

$$y_0, \quad y_1, \quad y_2, \ldots y_m,$$

on aura, en substituant les $(m+1)$ équations

$$(2) \qquad \begin{cases} y_0 = A_0 . x_0^m + A_1 . x_0^{m-1} + \ldots + A_m \\ y_1 = A_0 . x_1^m + A_1 . x_1^{m-1} + \ldots + A_m \\ y_2 = A_0 . x_2^m + \text{etc.} \ldots\ldots\ldots + A_m \\ \vdots \\ y_m = A_0 . x_m^m + A_1 . x_m^{m-1} + \ldots + A_m \end{cases}$$

pour déterminer les $(m+1)$ coefficients A_0, A_1, A_2, ... A_m. Or, si on élimine, entre ces équations et l'équation (1), les coefficients A_0, A_1, etc... on déterminera la fonction y. Pour y arriver, multiplions les équations (2) par des quantités indéterminées

$$B_0, \quad B_1, \quad B_2, \text{ etc.} \ldots B_m,$$

et retranchons les suites de l'équation (1), on aura :

$$\begin{aligned} y - B_0 y_0 - B_1 y_1 - B_2 y_2 - \text{etc.} \ldots = {} & A_0 (x^m - B_0 x_0^m - B_1 x_1^m - \text{etc.} \ldots - B_m x_m^m), \\ & + A_1 (x^{m-1} - B_0 x_0^{m-1} - \ldots\ldots\ldots - B_m x_m^{m-1}), \\ & \vdots \\ & + A_m (1 - B_0 - B_1 - \ldots - B_m), \end{aligned}$$

et par suite,

$$y = y_0 . B_0 + y_1 . B_1 + y_2 + \text{etc.} \ldots + y_m . B_m,$$

si on détermine les fonctions B_0, B_1, etc..., d'après les conditions

$$(3) \quad \begin{cases} x^m = B_0 . x_0^m + B_1 . x_1^m + \ldots + B_m . x_m^m . \\ x^{m-1} = B_0 . x_0^{m-1} + B_1 . x_1^{m-1} + \ldots + B_{m-1} . x_m^{m-1} . \\ \vdots \\ x^2 = B_0 . x_0^2 + B_1 . x_1^2 + \ldots + B_{m-1} . x_m^2 . \\ x = B_0 . x_0 + B_0 . x_1 + \ldots + B_{m-1} . x_m . \\ 1 = B_0 + B_1 + \text{etc.} \ldots + B_{m-1} . \end{cases}$$

Or, ces équations sont symétriques par rapport aux quantités B_0, x_0, B_1, x_1, etc..., c'est-à-dire que si l'on avait la valeur de B_0, il suffirait, pour avoir la valeur de B_1, de changer x_0 en x_1, et réciproquement. Il reste donc à trouver un des coefficients B_0 par exemple; pour cela, posons

$$\varphi(x_0) = (x_0 - x_1)(x_0 - x_2) \ldots (x_0 - x_m) = x_0^m + C_1 . x_0^{m-1} + \ldots + C_m .$$

Si on fait $x_1 = x_0$, $x_2 = x_0$, etc..., on aura :

$$\varphi(x_1) = 0, \quad \varphi(x_2) = 0, \text{ etc.} \ldots$$

Donc, si on multiplie les équations (3) successivement par 1, C_1, C_2, etc..., et qu'on les ajoute, on aura :

$$\varphi(x) = B_0 \varphi(x_0) + B_1 \varphi(x_1) + \text{etc.} \ldots = B_0 . \varphi(x_0),$$

et par suite,

$$B_0 = \frac{\varphi(x)}{\varphi(x_0)} = \frac{(x - x_1)(x - x_2) \ldots (x - x_m)}{(x_0 - x_1)(x_0 - x_2) \ldots (x_0 - x_m)} .$$

Changeant x_0 en x_1, on aura :

$$B_1 = \frac{(x - x_0)(x - x_2) \ldots (x - x_m)}{(x_1 - x_0)(x_1 - x_2) \ldots (x_1 - x_m)},$$

et ainsi de suite. En substituant les valeurs des coefficients dans y, il vient :

$$y = y_0 . \frac{(x - x_1)(x - x_2) \ldots (x - x_m)}{(x_0 - x_1)(x_0 - x_2) \ldots (x_0 - x_m)} + y_1 . \frac{(x - x_0)(x - x_2) \ldots (x - x_m)}{(x_1 - x_0)(x_1 - x_2) \ldots (x_1 - x_m)} + \text{etc.} \ldots$$

On pourrait aussi former de suite cette fonction, et il est clair qu'elle serait la fonction cherchée; car, si on fait successivement $x = x_0$, x_1, etc..., x_m, on obtient les valeurs y_0, y_1, etc..., y_m. Or, on sait que deux fonctions du m^e degré sont identiques, lorsqu'elles prennent des valeurs égales pour $m+1$ valeurs différentes attribuées à la variable; donc y est bien la fonction cherchée.

REMARQUE I.

Il suit de ce qui précède que l'on peut toujours former une fonction entière à une variable, prenant pour un nombre quelconque de valeurs attribuées à la variable, des valeurs correspondantes données, et par suite, que la fonction ainsi formée pourra donner les *valeurs approchées*, que pourrait prendre une fonction inconnue, satisfaisant aux mêmes conditions, pour des valeurs intermédiaires de la variable.

REMARQUE II.

Nous ne nous sommes occupés de l'*interpolation* que dans le cas le plus simple; il serait facile d'étendre les considérations précédentes à des fonctions entières à plusieurs variables, en s'appuyant sur ce que *deux fonctions entières à plusieurs variables sont identiques lorsqu'elles deviennent égales pour un nombre limité de valeurs données*, la limite du nombre des valeurs égales variant avec le degré des fonctions et le nombre des variables qu'elles contiennent; mais cela nous entraînerait dans des développements trop longs pour leur importance. Ce qu'il faut bien comprendre, c'est que le véritable but de l'*interpolation* est la découverte d'une *fonction quelconque* entre *un nombre quelconque* de variables, qui puisse prendre des *valeurs données*, lorsqu'on attribue aux variables des valeurs *particulières*, et qui puisse donner les valeurs approchées de la *fonction inconnue* qu'elle remplace entre certaines limites.

Lorsqu'on a déterminé une semblable fonction, on la vérifie, en calculant directement quelques valeurs particulières de la fonction inconnue, si cela est possible, pour des valeurs intermédiaires des variables, et en comparant ces valeurs à celles qui sont données par la fonction calculée par interpolation.

APPENDICE DU LIVRE VII.

De la résolution des équations du troisième et du quatrième degré.

Nous n'avons donné jusqu'à présent que des formules de résolution pour les équations du premier et du deuxième degré, mais il en existe aussi pour les équations du troisième et du quatrième, que nous allons donner.

Résolution complète d'une équation du troisième degré.

Résolution d'une équation du troisième degré.

On peut supposer une équation du troisième degré sous la forme

$$x^3 + px + q = 0,$$

puisqu'on peut toujours faire disparaître le second terme dans une équation.

Posons maintenant $x = y + z$, y et z étant de nouvelles inconnues, on aura :

$$(y+z)^3 + p(y+z) + q = 0.$$

Or,

$$(y+z)^3 = y^3 + z^3 + 3(y+z)yz.$$

Donc, on pourra écrire l'équation précédente sous la forme

$$y^3 + z^3 + (3yz + p)(y+z) + q = 0.$$

Équation qui pourra se décomposer en deux autres, puisqu'elle contient une inconnue arbitraire. Posons donc

$$y^3 + z^3 + q = 0, \quad 3yz + p = 0.$$

On en déduira

(1) $$y^3 + z^3 = -q. \quad (2)\ yz = -\frac{p}{3}.$$

Mais si on élève les termes de la deuxième équation au cube, on a

(3) $$y^3z^3 = -\frac{p^3}{27}.$$

Donc, on déterminera y^3 et z^3 facilement, connaissant leur somme et leur produit. Il est à remarquer ici que nous avons remplacé le système (1) et (2), par (1) et (3), qui est plus général; car on peut être conduit à ce système en remplaçant l'équation (2) par une des deux équations suivantes, en représentant par α et α^2 les deux racines cubiques imaginaires de l'unité :

$$yz = -\frac{p\alpha}{3},$$
$$yz^2 = -\frac{p\alpha^2}{3}.$$

Donc, en résolvant le système des équations (1) et (3), on trouvera les racines des trois équations

$$(a)\quad \left\{\begin{array}{l} x^3 + px \quad + q = 0 \\ x^3 + p\alpha x + q = 0 \\ x^3 + p\alpha^2 x + q = 0 \end{array}\right\}.$$

Cela posé, y^3 et z^3 seront les racines de l'équation

$$t^2 + qt - \frac{p^3}{27} = 0.$$

De sorte que l'on aura :

$$(4)\qquad y^3 = t_1 = -\frac{q}{2} + \sqrt{\frac{q^2}{4} + \frac{p^3}{27}},$$

$$(5)\qquad z^3 = t_2 = -\frac{q}{2} - \sqrt{\frac{q^2}{4} + \frac{p^3}{27}}.$$

Les deux équations ont chacune trois solutions, ce qui conduit, en faisant toutes les sommes deux à deux, à neuf couples qui correspondent aux valeurs de x; ce qui ne doit point étonner, après ce qu'on a remarqué plus haut; il restera à déterminer les valeurs qui conviendront à l'une des équations du groupe (a). Pour cela, on remarquera que, pour chacune d'elles, on devra avoir respectivement les relations suivantes :

$$y.z = -\frac{p}{3}, \quad y.z = -\frac{p.\alpha}{3}, \quad y.z = -\frac{p\alpha^2}{3}.$$

Or, les trois valeurs de y et de z peuvent être représentées par

$$\begin{array}{lll} Y, & Y\alpha, & Y\alpha^2. \\ Z, & Z\alpha, & Z\alpha^2. \end{array}$$

Et si on suppose que $Y.Z = -\frac{p}{3}$, on aura pour les trois valeurs de x correspondantes à l'équation donnée

$$x^3 + px + q = 0,$$
$$x_1 = Y + Z,$$
$$x_2 = Y\alpha + Z\alpha^2,$$
$$x_3 = Y\alpha^2 + Z\alpha.$$

L'équation est donc complétement résolue, puisqu'on sait trouver les trois racines cubiques de l'unité; on peut aussi mettre ces valeurs sous la forme suivante, en remarquant que l'on a $\alpha = -\frac{1}{2} + \frac{1}{2}\sqrt{-3}$, et $\alpha^2 = -\frac{1}{2} - \frac{1}{2}\sqrt{-3}$:

$$x_1 = Y + Z,$$
$$x_2 = -\frac{1}{2}(Y+Z) + \frac{1}{2}(Y-Z)\sqrt{-3},$$
$$x_3 = -\frac{1}{2}(Y+Z) - \frac{1}{2}(Y-Z)\sqrt{-3}.$$

Examinons maintenant de quelle nature seront les racines de l'équation donnée; ces racines se déterminant par celles de l'équation en t, il pourra se présenter les cas suivants : Discussion.

1° t_1 et t_2, quantités réelles, inégales ; ce qui correspond à $\frac{q^2}{4} + \frac{p^3}{27} > 0$.

Y et Z auront alors une valeur réelle, au moins, et les valeurs de ces inconnues étant différentes, il s'ensuit qu'il y aura une valeur réelle de x et deux imaginaires.

2° t_1 et t_2 quantités réelles égales ; ce qui correspond à $\frac{q^2}{4} + \frac{p^3}{27} = 0$.

Y et Z auront des valeurs égales; par suite, il y aura dans l'équation trois racines réelles, dont deux seront égales.

3° t_1 et t_2 étant imaginaires ; ce qui correspond à $\frac{q^2}{4} + \frac{p^3}{27} < 0$.

Dans ce cas, les valeurs de Y et de Z sont *imaginaires;* cependant on peut faire voir aisément que toutes les racines sont réelles ; en effet, posons

$$t_1 = \rho(\cos\theta + \sqrt{-1}\sin\theta),$$
$$t_2 = \rho(\cos\theta - \sqrt{-1}\sin\theta),$$

ρ et θ étant déterminés par les relations

$$\rho^2 = -\frac{p^3}{27}, \quad \tan\theta = \frac{\sqrt{-\left(\frac{q^2}{4} + \frac{p^3}{27}\right)}}{-\frac{q}{2}}.$$

On aura donc:

$$\left.\begin{array}{l} Y = \rho^{\frac{1}{3}}\left(\cos\frac{\theta}{3} + \sqrt{-1}\sin\frac{\theta}{3}\right) \\ Z = \rho^{\frac{1}{3}}\left(\cos\frac{\theta}{3} - \sqrt{-1}\sin\frac{\theta}{3}\right) \end{array}\right\} \ldots\ Y.Z = -\frac{p}{3}.$$

Et comme on a

$$\alpha = \cos\frac{2\pi}{3} + \sqrt{-1}\sin\frac{2\pi}{3},$$

$$\alpha' = \cos\frac{2\pi}{3} - \sqrt{-1}\sin\frac{2\pi}{3},$$

on en déduira les trois valeurs de x,

$$x_1 = 2\rho^{\frac{1}{3}}\cos\frac{\theta}{3},$$

$$x_2 = \rho^{\frac{1}{3}}\left(\cos\frac{\theta+2\pi}{3} + \sqrt{-1}\sin\frac{\theta+2\pi}{3}\right) + \rho^{\frac{1}{3}}\left(\cos\frac{\theta+2\pi}{3} - \sqrt{-1}\sin\frac{\theta+2\pi}{3}\right),$$

$$x_3 = \rho^{\frac{1}{3}}\left(\cos\frac{\theta+2\pi}{3} + \sqrt{-1}\sin\frac{\theta-2\pi}{3}\right) + \rho^{\frac{1}{3}}\left(\cos\frac{2\pi-\theta}{3} + \sqrt{-1}\sin\frac{2\pi-\theta}{3}\right),$$

ou, ce qui revient au même,

$$x_1 = 2\rho^{\frac{1}{3}}\cos\frac{\theta}{3},$$

$$x_2 = 2\rho^{\frac{1}{3}}\cos\frac{2\pi+\theta}{3},$$

$$x_3 = 2\rho^{\frac{1}{3}}\cos\frac{2\pi-\theta}{3}.$$

Donc les trois racines sont réelles.

Résolution d'une équation du quatrième degré.

Résolution complète d'une équation du quatrième degré.

Soit à résoudre l'équation

$$x^4 + px^2 + qx + r = 0.$$

On peut toujours poser

$$x = y + z + t,$$

y, z et t étant de nouvelles inconnues entre lesquelles on pourra établir deux nouvelles relations.

Cela posé, on a :

$$x^2 = y^2 + z^2 + t^2 + 2(yz + ty + tz),$$

d'où

$$[x^2 - (y^2+z^2+t^2)]^2 = 4(y^2z^2 + z^2t^2 + t^2y^2) + 8yzt(y+z+t) = 4(y^2z^2 + z^2t^2 + t^2y^2) + 8yztx,$$

ou, enfin,

$$x^4 - 2(y^2+z^2+t^2)x^2 - 8yzt.x + (y^2+z^2+t^2)^2 - 4(y^2z^2+z^2t^2+t^2y^2) = 0.$$

Par conséquent, en identifiant cette équation avec l'équation donnée, il suffira de résoudre le système des équations.

$$y^2+z^2+t^2=-\frac{p}{2},$$

$$yzt=-\frac{q}{8},$$

$$y^2z^2+y^2t^2+z^2t^2=\frac{p^2}{16}-\frac{r}{4}.$$

Or, y^2, z^2, t^2, seront les racines d'une équation du troisième degré, dont les coefficients se détermineront très-aisément; mais, pour éviter les coefficients fractionnaires, prenons pour inconnues $2z$, $2y$, $2t$, on aura, d'après ce qui précède,

$$(2y)^2+(2z)^2+(2t)^2=-2p,$$

$$(2y)^2(2z)^2+(2y)^2(2t)^2+(2z)^2(2t)^2=p^2-4r,$$

$$(2y)^2(2z)^2(2t)^2=q^2;$$

de sorte qu'en appelant V une des trois quantités $(2y)^2$, $(2z)^2$, $(2t)^2$, on aura l'équation

$$V^3+2pV^2+(p^2-4r)V-q^2=0.$$

Cette équation porte le nom de *réduite* de l'équation proposée. On peut aussi y arriver en cherchant les diviseurs du deuxième degré de l'équation, comme nous l'avons vu livre VI (page 181).

Le problème étant ramené à la résolution d'une équation du troisième degré que l'on sait résoudre, doit être considéré comme résolu.

Résolution des équations trinômes.

Équations trinômes.

On entend par équations *trinômes* les équations de la forme

$$x^{2m}+px^m+q=0.$$

En considérant x^m comme l'inconnue, et résolvant cette équation à la manière des équations du deuxième degré, il vient :

$$x^m=-\frac{p}{2}\pm\sqrt{\frac{p^2}{4}-q};$$

équation que l'on sait résoudre complétement (livre V).

Dans le cas où la quantité $\frac{p^2}{4}-q$ est négative, c'est-à-dire, dans le cas où les racines sont imaginaires, on peut faire prendre à l'équation une forme remarquable. Posons pour cela

$$-\frac{p}{2}\pm\sqrt{\frac{p^2}{4}-q}=\rho(\cos\theta\pm\sqrt{-1}\sin\theta);$$

d'où

$$-\frac{p}{2}=\rho\cos\theta,\qquad \sqrt{q-\frac{p^2}{4}}=\rho\sin\theta;$$

ce qui conduit à

$$p=-2\rho\cos\theta,\qquad q=\rho^2.$$

L'angle θ sera plus petit ou plus grand que $\frac{\pi}{2}$, suivant que p sera *positif* ou *négatif*; dans tous les cas, l'équation peut s'écrire alors sous la forme

$$x^{2m}-2\rho\cos\theta x^m+\rho^2=0.$$

En supposant toujours $\theta<90^\circ$, on serait conduit à une autre forme

$$x^{2m}+2\rho\cos\theta x^m+\rho^2=0.$$

Or, si on pose $r^m=\rho$, on sera ramené à résoudre les deux équations binômes

$$x^m=r^m(\cos\theta\pm\sqrt{-1}\sin\theta),$$
$$x^m=-r^m(\cos\theta\pm\sqrt{-1}\sin\theta).$$

Mais toutes les racines de la première seront données, d'après ce qu'on a vu, par la formule

$$x=r\left(\cos\frac{\theta}{m}\pm\sqrt{-1}\sin\frac{\theta}{m}\right)\left(\cos\frac{2k\pi}{m}\pm\sqrt{-1}\sin\frac{2k\pi}{m}\right),$$
$$=r\left(\cos\frac{\theta+2k\pi}{m}\pm\sqrt{-1}\sin\frac{\theta+2k\pi}{m}\right).$$

En prenant les facteurs binômes de deux racines conjuguées, on a pour leur produit:

$$\left(x-r\cos\frac{\theta+2k\pi}{m}-r\sqrt{-1}\sin\frac{\theta+2k\pi}{m}\right)\left(x-r\cos\frac{\theta+2k\pi}{m}+r\sqrt{-1}\sin\frac{\theta+2k\pi}{m}\right)$$
$$=\left(x-r\cos\frac{\theta+2k\pi}{m}\right)^2+r^2\sin^2\frac{\theta+2k\pi}{m}=x^2-2rx\cos\frac{\theta+2k\pi}{m}+r^2.$$

Par conséquent le premier membre de l'équation pourra s'écrire

$$x^{2m}-2r^mx^m\cos\theta+r^{2m}=\left(x^2-2rx\cos\frac{\theta}{m}+r^2\right)\left(x^2-2rx\cos\frac{\theta+2\pi}{m}+r^2\right)\left(x^2-2rx\cos\frac{\theta+4\pi}{m}+r^2\right).$$

Si on suppose que $\theta=\pi+\theta'$, θ' étant plus petit que $\frac{\pi}{2}$, l'équation devient

$$x^{2m}+2r^mx^m\cos\theta'+r^{2m}=\left(x^2-2rx\cos\frac{\pi+\theta'}{m}+r^2\right)\left(x^2-2rx\cos\frac{3\pi+\theta'}{m}+r^2\right).$$

Par suite, en faisant $\theta=0$, ou $\theta'=0$, on obtient les deux égalités suivantes:

$$(x^m-r^m)^2=x^{2m}-2r^mx^m+r^{2m}=(x^2 2rx+r^2)\left(x^2-2rx\cos\frac{2\pi}{m}+r^2\right)\left(x^2-2rx\cos\frac{4\pi}{m}+r^2\right)\ldots$$
$$(x^m+r^m)^2=x^{2m}+2r^mx^m+r^{2m}=\left(x^2-2rx\cos\frac{\pi}{m}+r^2\right)\left(x^2-2rx\cos\frac{3\pi}{m}+r^2\right)\ldots$$

Ces deux égalités conduisent à deux énoncés de théorèmes connus sous le nom de théorèmes de *Moivre* et de *Cotes*.

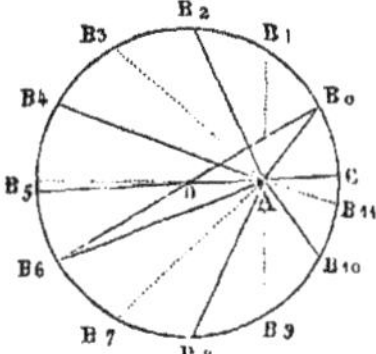

1° Théorème de Moivre.

Si on joint un point quelconque du plan d'un cercle, divisé en un nombre pair de parties égales, aux divisions de rangs pairs, les divisions étant comptées à partir du rayon le plus rapproché du point, le produit des carrés des lignes de jonction est égal au trinôme

$$x^{2m} - 2r^m x^m \cos\theta + r^{2m},$$

x *représentant la distance du point au centre,* r *le rayon du cercle,* 2m *le nombre des parties, et* θ *l'angle du premier rayon et de la ligne qui joint le centre au point donné, répété* m *fois.*

Dans le cas où on joindrait les divisions des rangs impairs, le produit des carrés des lignes serait égal à

$$x^{2m} + 2r^m x^m \cos\theta + r^{2m}.$$

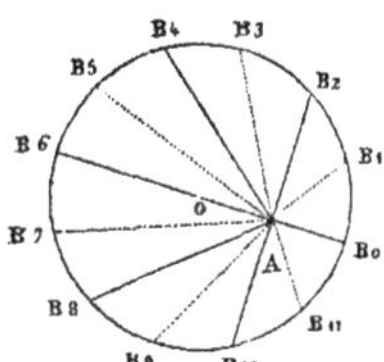

2° Théorème de Cotes.

Si on divise une circonférence en un nombre pair de parties égales, et que l'on joigne un point de leur diamètre passant par un point de division, le produit des lignes de jonction de ce point aux points de division de rangs pairs, est égal à $x^m - r^m$, x *étant la distance du point au centre,* r *le rayon du cercle, et* m *le nombre des parties contenues dans la demi-circonférence; en joignant aux divisions des rangs impairs, le produit des lignes serait* $x^m + r^m$.

Dans ces énoncés, on suppose les divisions comptées à partir du diamètre qui passe par le point.

Des fonctions homogènes.

On dit, en algèbre, qu'une fonction de plusieurs variables x, y, z.... est *homogène*, lorsque, en multipliant ces variables par une quantité quelconque, la fonction se trouve multipliée par une certaine puissance de cette quantité ; l'indice de cette puissance est ce qu'on appelle le degré de la fonction ; par exemple, la fonction

$$f(x, y) = x^3 + x^2y + y^3$$

est une fonction *homogène entière* du troisième degré ; car si on remplace x et y par tx et ty, t étant une quantité quelconque, on a :

$$f(tx, ty) = t^3x^3 + t^3x^2y + t^3y^3 = t^3(x^3 + x^2y + y^3) = t^3f(x).$$

De même l'expression

$$f(x, y) = x^2 + \sqrt{x^3y} + \frac{y^3}{x}$$

est une fonction *homogène* du deuxième degré ; car on a :

$$f(tx, ty) = t^2x^2 + \sqrt{t^4 . x^3y} + \frac{t^3y^3}{tx} = t^2\left(x^2 + \sqrt{x^3y} + \frac{y^3}{x}\right)$$
$$= t^2f(x, y).$$

Une fonction homogène de degré p entre plusieurs variables, sera donc caractérisée par l'égalité

$$f(tx, ty, tz, \ldots) = t^pf(x, y, z, \ldots).$$

Si on fait $t = \frac{1}{x}$ en multipliant de part et d'autre par x^p, il vient

$$f(x, y, z, \ldots) = x^pf\left(1, \frac{y}{x}, \frac{z}{x}, \ldots\right)$$

Il en serait de même si on avait fait $t = \frac{1}{y}$, $\frac{1}{z}$, etc....

Donc, une fonction *homogène* est une fonction des rapports des variables à une d'elles, multipliée par une certaine puissance de cette variable.

Cette propriété est caractéristique pour les fonctions *homogènes ;* car alors une fonction satisfaisant à cette condition, peut toujours se mettre sous la forme

$$f(x, y, z \ldots) = x^p\varphi\left(\frac{y}{x}, \frac{z}{x}, \ldots\right),$$

équation qui devra subsister, quelles que soient les valeurs de $\frac{y}{x}$, $\frac{z}{x}$, etc...

Donc en remplaçant

$$x \text{ par } tx, \quad y \text{ par } ty, \quad z \text{ par } tz \ldots$$

on aura :

$$f(tx, ty, \ldots) = t^p x^p \varphi\left(\frac{y}{x}, \frac{z}{x} \ldots\right) = t^p f(x, y, z, \ldots).$$

Ce qu'il fallait démontrer.

Dans toutes les applications du calcul algébrique, on est conduit à des équations entre des quantités de toutes espèces qui entrent dans les équations indépendamment de l'unité ou des unités qui les expriment. Or, comme ces équations existent entre les grandeurs elles-mêmes, si on suppose que les unités qui les expriment en nombre varient d'une manière quelconque, elles devront encore subsister; il résulte de là certaines conditions faciles à déterminer, qui constituent ce qu'on appelle les conditions d'*homogénéité*. De l'homogénéité.

D'après ce que nous venons de dire, si nous représentons par

$$f(x, y, z, \ldots) = 0$$

une équation entre des quantités d'espèces quelconques, mais établie sans qu'aucune d'elles, ou sans qu'aucune grandeur particulière ait été prise pour unité; si on change l'unité qui exprime les grandeurs de même espèce; si on suppose, par exemple, qu'elle devienne $\frac{1}{t}$, de ce qu'elle était, les nombres exprimant les mêmes grandeurs deviendront t fois plus grands, et on devra avoir, si x, y, z... sont de même nature,

$$f(tx, ty, tz, \ldots) = 0,$$

t étant une quantité quelconque.

Cela posé, considérons une équation quelconque, ne pouvant se décomposer en plusieurs autres :

$$\Sigma(Ax^\alpha y^\beta z^\gamma \ldots) = 0,$$

α, β, γ, étant des quantités quelconques; x, y, z... des quantités de même nature. Si on remplace

$$x \text{ par } tx, \quad y \text{ par } ty, \quad z \text{ par } tz, \ldots$$

on devra avoir

$$\Sigma\left[A(tx)^\alpha (ty)^\beta (tz)^\gamma \ldots\right] = 0,$$

ou

$$\Sigma\left[(Ax^\alpha y^\beta z^\gamma \ldots) t^{\alpha+\beta+\gamma \ldots}\right] = 0.$$

Si maintenant on réunit les termes affectés des mêmes puissances de t, l'équation pourra s'écrire

$$\Sigma(A_p t^p) = 0,$$

A_p représentant le coefficient de t^p, qui sera une fonction quelconque des quantités x, y, z....; or, comme aucune des fonctions A_p ne peut être nulle, puisque l'équation donnée ou $\Sigma A_p = 0$, ne peut se décomposer en d'autres, il faut que p soit le même dans tous les termes, de sorte que l'on ait, puisque t restant quelconque, il ne peut y avoir de réductions possibles entre des termes affectés de puissances différentes,

$$\Sigma(A_p . t^p) = t^p \Sigma(A_p),$$

ou, ce qui revient au même,

$$f(tx, ty, tz \dots) = t^p f(x, y, z \dots).$$

Donc, le premier membre d'une équation établie comme on l'a dit plus haut, doit être une *fonction homogène.*

Il est bien entendu que ce raisonnement s'applique à toutes les grandeurs de même nature qui entrent dans l'équation ; de sorte qu'une équation de ce genre doit toujours être *homogène*, en la considérant successivement par rapport aux quantités de même espèce. — On voit aussi, d'après cela, que tous les termes doivent être du même degré ; et pour avoir le degré d'un terme, *il suffit de remplacer chaque variable de même espèce par cette variable multipliée par une même indéterminée, et l'indice de la puissance de cette indéterminée qui multipliera le terme, toute réduction faite, sera le degré du terme.*

Ainsi l'équation

$$a = \frac{\sqrt{\frac{1}{b}} + \sqrt{\frac{1}{c}}}{\sqrt{\frac{1}{def}} + \sqrt{\frac{1}{ghk}}}$$

est homogène, $a, b, c, d, e, f, g, h, k,$ étant des quantités de même espèce; car, si on multiplie chacune de ces variables par t, on aura :

$$ta = \frac{\sqrt{\frac{1}{tb}} + \sqrt{\frac{1}{tc}}}{\sqrt{\frac{1}{t^3 def}} + \sqrt{\frac{1}{t^3 ghk}}} = \frac{t^{-\frac{1}{2}}\left(\sqrt{\frac{1}{b}} + \sqrt{\frac{1}{c}}\right)}{t^{-\frac{3}{2}}\left(\sqrt{\frac{1}{def}} + \sqrt{\frac{1}{ghk}}\right)}$$

$$= t\left(\frac{\sqrt{\frac{1}{b}} + \sqrt{\frac{1}{c}}}{\sqrt{\frac{1}{def}} + \sqrt{\frac{1}{ghk}}}\right)$$

et la fonction

$$a - \frac{\sqrt{\frac{1}{b}} + \sqrt{\frac{1}{c}}}{\sqrt{\frac{1}{def}} + \sqrt{\frac{1}{ghk}}}$$

est du premier degré.

Des valeurs maximum *ou* minimum *que peut prendre une fonction entière à une variable.*

Lorsque dans une fonction continue à une variable, une valeur particulière de la variable fait prendre à la fonction une valeur telle que, pour deux valeurs suffisamment voisines de la première, l'on obtienne des valeurs *plus petites* ou *plus grandes* de la fonction, on dit que pour cette valeur la fonction a atteint un *maximum* ou un *minimum*.

Définition d'un maximum ou d'un minimum d'une fonction.

Ainsi, pour que $x = a$ corresponde à un *maximum* de $f(x)$, il faut que l'on ait

$$f(a \pm h) - f(a) < 0.$$

Au contraire, pour que cette valeur pût correspondre à un *minimum*, il faudrait que l'on eût

$$f(a \pm h) - f(a) > 0,$$

h étant une quantité qui peut devenir aussi petite que l'on veut.

Lorsque la fonction est entière, on peut aisément déterminer les valeurs de la variable correspondantes à des *maximum* ou *minimum*, au moyen des notions de l'analyse élémentaire.

En effet, on a alors :

$$f(a \pm h) = f(a) \pm hf'(a) + h^2 \frac{f''(a)}{1.2} \pm h^3 \frac{f'''(a)}{1.2.3} + \text{etc}\ldots$$

donc

$$f(a \pm h) - f(a) = \pm hf'(a) + h^2 \frac{f''(a)}{1.2} \pm h^3 \frac{f'''(a)}{1.2.3} + \text{etc}\ldots$$

Or, on peut rendre toujours h assez petit pour que le signe soit le même que celui du premier terme ; donc, pour que cette différence ne change pas de signe avec le signe de h, il faut que l'on ait

$$f'(a) = 0.$$

Par suite, en résolvant l'équation

$$f'(a) = 0,$$

on devra trouver parmi les racines les valeurs pour lesquelles la fonction prend une valeur *maximum* ou *minimum*. Maintenant, pour reconnaître si la racine trouvée correspond à l'un de ces deux cas, nous remarquerons que la différence devient alors :

$$f(a \pm h) - fa = h^2\left(\frac{f''(a)}{1.2} \pm h \frac{f'''(a)}{1.2.3} + \text{etc}\ldots\right);$$

et en supposant h suffisamment petit, cette différence sera positive, si $f''(a) > 0$, et négative si $f''(a) < 0$; donc

si... $f'(a)=0$ $f''(a)<0$... la fonction a une valeur *maximum*.
si... $f'(a)=0$ $f''(a)>0$... la fonction a une valeur *minimum*.

Enfin, il pourrait arriver que

$$f''(a)=0.$$

Dans ce cas, le signe de la différence changerait si $f'''(a)$ était différent de zéro, c'est-à-dire qu'il n'y aurait ni *maximum* ni *minimum*. Donc, si $f''(a)=0$, il faut aussi que $f'''(a)$ soit nulle, pour que la valeur corresponde à une valeur *maximum* ou *minimum*; et ainsi de suite.

Exemple :

Trouver les valeurs pour lesquelles la fonction

$$x^3-x+1$$

prend des valeurs *maximum* ou *minimum*.

On a :

$$f(x)=x^3-x+1,$$
$$f'(x)=3x^2-1,$$
$$f''(x)=6x.$$

Par suite, en égalant à zéro $f'(x)$, on aura :

$$3x^2-1=0;\quad \text{d'où}\ \begin{cases} x_1=+\sqrt{\frac{1}{3}} \\ x_2=-\sqrt{\frac{1}{3}} \end{cases}$$

et comme

$$f''\left(\sqrt{\frac{1}{3}}\right)=6\sqrt{\frac{1}{3}} \quad \text{et} \quad f''\left(-\sqrt{\frac{1}{3}}\right)=-6\sqrt{\frac{1}{3}},$$

il y aura un *maximum* pour x_2, et un *minimum* pour x_1.

Exemples de la résolution des problèmes au moyen des courbes.

Résolution des problèmes par les courbes.

1. *Partager un hémisphère en deux parties équivalentes par un plan parallèle à sa base.*

Représentons par r le rayon de la sphère, et par x la distance du plan au sommet de l'hémisphère; le segment à une base, ayant pour hauteur x et pour rayon $\sqrt{x(2r-x)}$, devra être équivalent au quart de la sphère; on devra donc avoir :

$$\frac{1}{6}\pi x^3+\frac{1}{2}\pi . x^2(2r-x)=\frac{1}{3}\pi r^3,$$

d'où

$$x^3+3x^2(2r-x)=2r^3;$$

ce qui donne enfin l'équation du troisième degré :

$$x^3 - 3rx^2 + r^3 = 0.$$

Maintenant, si on suppose $r = 1$, et si on remarque que la valeur cherchée doit être plus petite que le rayon, en cherchant la racine plus petite que l'unité de l'équation

$$(1) \qquad x^3 - 3x^2 + 1 = 0,$$

on aura le rapport de l'*inconnue* au rayon.

On pourrait résoudre cette équation par les procédés ordinaires de l'algèbre; mais ici nous allons suivre une autre marche et *construire* la distance cherchée, en la regardant comme l'abscisse d'un des points d'intersection de deux courbes.

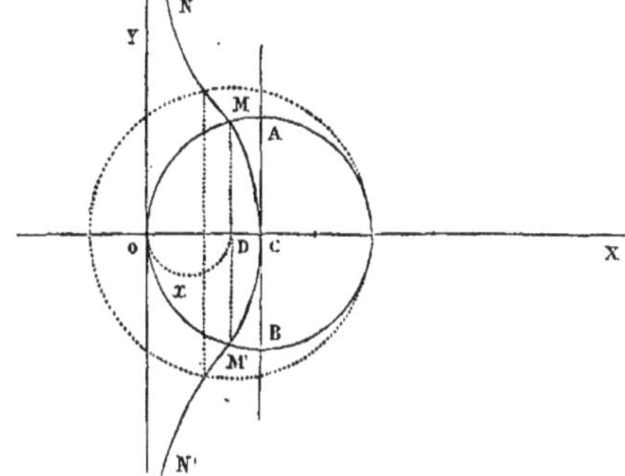

Soit pour cela AOB le demi-cercle de l'hémisphère, prenons OX pour axe des abscisses, et OY pour axe des Y; le cercle étant tout tracé, il sera avantageux de l'employer, et comme la racine que nous cherchons est plus petite que l'unité, on peut l'employer; son équation sera

$$(2) \qquad y^2 + x^2 - 2x = 0.$$

Multipliant cette équation par x, et en retranchant l'équation (1), il vient :

$$(3) \qquad y^2x + x^2 - 1 = 0;$$

et, par suite, en cherchant l'intersection du cercle donné avec la courbe représentée par l'équation (3), on résoudra le problème.

Construisons donc cette courbe. Pour cela en résolvant par rapport à y, on a :

$$y = \pm\sqrt{\frac{1 - x^2}{x}} = \pm\sqrt{\frac{1}{x} - x}.$$

Ce qui montre que la courbe est symétrique par rapport à l'axe des x, et comprise entre l'axe des y et une parallèle à cet axe menée par le centre du cercle, du côte des x positifs, qui seuls nous intéressent.

Maintenant, si on fait successivement

$$x = 0, \frac{1}{2}, 1,$$

on a :

$$y = \pm \infty, \pm \sqrt{\frac{3}{2}}, 0.$$

Et, par suite, on déterminera la courbe NMCM'N'; en joignant les deux points M et M', qui sont symétriquement placés par rapport à l'axe des x, on aura la ligne suivant laquelle il faudra faire la section.

Par cette construction, on n'a obtenu que la racine de l'équation (1), qui était nécessaire; mais il est facile de voir que cette équation a ses trois racines réelles; et si on voulait les déterminer toutes trois par une construction géométrique, il faudrait prendre un autre système de courbes. Pour conserver un cercle, on pourrait prendre un cercle dont le rayon serait égal à 3, qui est limite supérieure, en valeur absolue, des racines positives et négatives de l'équation; de sorte que, en combinant l'équation (1) avec l'équation

$$(4) \qquad x^2 + y^2 = 9,$$

on aurait certainement une courbe dont les intersections avec le cercle précédent donneraient les trois racines de l'équation. Par exemple, si on multiplie cette équation par x, et si on en retranche l'équation (1), on aura :

$$(5) \qquad y^2x - 9x + 3x^2 - 1 = 0;$$

équation facile à construire.

On aurait pu aussi construire les racines de l'équation (1) par l'intersection de deux courbes du deuxième degré, il suffisait pour cela de poser $y = x^2$; ce qui aurait conduit aux deux équations:

$$y = x^2 \ldots\ldots\ldots \text{ parabole,}$$
$$yx - 3y + 1 = 0 \ldots \text{ hyperbole.}$$

Nous ne traiterons pas ici d'autres exemples, nous nous contenterons de donner quelques énoncés de problèmes remarquables de ce genre.

2. *Partager un triangle par une sécante, de manière que les deux parties soient dans un rapport donné, et que leurs centres de gravité se trouvent sur une même perpendiculaire à la sécante.*

3. *Trouver le côté d'un cube double d'un cube donné.*

4. *Partager une pyramide, un tronc de pyramide, en deux parties qui soient entre elles dans un rapport donné, par un plan parallèle à la base.*

5. *Partager un cône, un tronc de cône en deux parties qui soient entre elles dans un rapport donné, par un plan parallèle à la base.*

Enfin, nous terminerons ces notions élémentaires en faisant remarquer que l'usage des courbes en algèbre permet de construire les racines réelles des équations transcendantes; par exemple, pour avoir les racines de l'équation

$$a^x + x = 0,$$

il suffirait de poser $y = a^x$, et de chercher les intersections des lignes représentées par les deux équations

$$y = a^x,$$
$$y + x = 0.$$

FIN.

TABLE DES MATIÈRES.

LIVRE IV.

LIVRE V.

LIVRE VI.

LIVRE VII.

TABLE DES MATIÈRES.

PREMIÈRE PARTIE.

LIVRE PREMIER.

LIVRE II.

LIVRE III.

DEUXIÈME PARTIE.

LIVRE IV.

LIVRE V.

LIVRE VI.

LIVRE VII.

www.ingramcontent.com/pod-product-compliance
Ingram Content Group UK Ltd.
Pitfield, Milton Keynes, MK11 3LW, UK
UKHW020555230726
13926UKWH00005B/2028

9 782013 555548